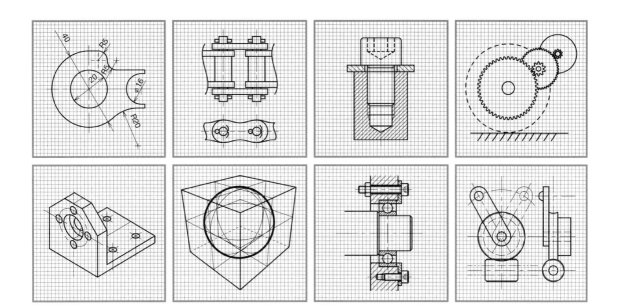

これだけは
知っておきたい！

[著] 米田 完　太田祐介　青木岳史
Kan Yoneda　*Yusuke Ota*　*Takeshi Aoki*

機械設計製図の基本
Basic Mechanical Design Drafting

講談社

執筆者一覧

米田 完
千葉工業大学 先進工学部未来ロボティクス学科 教授
【担当章：0, 10〜16, 18〜25, 27章】

太田 祐介
千葉工業大学 先進工学部未来ロボティクス学科 教授
【担当章：1〜9章】

青木 岳史
千葉工業大学 先進工学部未来ロボティクス学科 教授
【担当章：17, 26, 28〜33章】

「製品の幾何特性仕様(GPS)」[JIS B 0420-1:2016、JIS B 0401-1:2016]にもとづき、第3刷(2018年7月刊行)にて、用語の見直しを行いました。

まえがき

　機械製図の規則は非常に多い。本書は、製図をはじめて学ぶとき、これだけ知っておけば、まず製図ができるという知識と考え方を載せている。本書のめざすところは、「いちばん学びやすい製図の本」である。
　本書の特徴は、各章を2ページもしくは4ページにし、項目ごとに個別に学べるようにしたことである。工業高校、高等専門学校、大学の製図の授業において、1時間分として扱いやすい分量にした。各章では基本だけをていねいに説明し、使う機会が少ない細かなルールや、例外的なことを省いて、製図規則が複雑だという印象を受けにくいようにしている。第Ⅰ部［製図］では、はじめからすぐに図面が描けるように、章を構成している。この前半の章だけで、かなり図面らしいものが描ける。スポーツでいえば、パスやドリブルのような基本動作の練習をしないで、いきなり練習試合をするようなものである。しかし、やさしい練習試合をして感覚をつかみながら、基本動作にも慣れていくことができるはずである。
　第Ⅱ部［機械部品］では、部品の製図法だけでなく、それらを使用する方法を示し、機械設計に役立つ基礎知識になる内容とした。第Ⅲ部［設計］では、機械のかなめとなる構造や材料についての基礎知識と考え方を示した。また、設計者としての武器となる構想図の描き方をていねいに説明した。第Ⅳ部［CAD］では、どのように考えて画面の中で図形を作っていけばよいのか、やさしい解説を試みた。
　また、本書の大きな特徴として、多くの練習問題を載せている。これらの問題の多くは、クイズのような形式にしているので、製図板に向かわなくても解くことができる。見本を写す作図練習や、解の多い設計課題ではない。そして、これらの練習問題を解きながら、ほとんどすべてが勉強できるように、各項目をもれなく載せている。もし、製図がはじめてでない方が本書を手にするのであれば、練習問題に挑んで、知っていることを再確認し、未知だったことを見出して学習するのもよい。
　なお、巻末には参照用としてJISで使ってよいとされている表記法をまとめた（The References「これが使ってよい表記法だ！」）。単純な図面にしているので、目的のものがすぐに見つけられると思う。
　本書を執筆するにあたり、考えたことがいくつかある。わかりやすいオリジナルの図表をもちいて説明すること。とくに、大きな図に複数の学習事項を盛り込むことをさけ、1つの事項に1つの図を示し、ひと目でわかるようにすること。内容は、すべてをもれなく載せるのではなく、主要な事項に限定し、短時間で学習できるようにすること。そして、機械設計製図を魅力的に見せることである。
　本書はレイアウトに関しても、学びやすいように工夫した。図と文章を左右に分け、図の場所が見つけやすく、文章をじっくり読むのに気が散らないようになっている。また、説明文の理解しやすさは、本書の編集を担当した講談社サイエンティフィクの渡邉拓氏の推敲によるところが大きい。著者3名と同氏の総力で編纂した本書で、機械設計製図を学びやすいものにしたいと願っている。

2016年10月　　　　　　　　　　　　　　　　　　　　　　　　　　　　　著者代表　米田　完

Contents | これだけは知っておきたい！ 機械設計製図の基本

まえがき iii

Part 1 製図 001

Chapter 0 | 製図をはじめよう 002
　1 機械製図とは／**2** 製図のはじめに

Chapter 1 | 三面図の描き方 ──第三角法と第一角法 006
　1 三面図とは／**2** 投影法──第三角法と第一角法

Chapter 2 | 線 008
　1 線の種類／**2** 線の太さ／**3** 線の使い分け

Chapter 3 | 断面図 010
　1 断面図の基本的な描き方／**2** 断面図の種類と描き方

Chapter 4 | サイズの記入 012
　1 サイズの記入方法／**2** サイズの配置／**3** 重複するサイズの記入の禁止／**4** 参考寸法

Chapter 5 | 直径・半径のサイズの記入 016
　1 直径・半径の指示の方法／**2** 寸法補助記号のつけ方

Chapter 6 | 穴の個数・深さ・加工方法の記入 018
　1 個数指定／**2** 深さ指定／**3** 加工方法の指定

Chapter 7 | ねじの記入 020
　1 ねじの作図──山と谷／**2** ねじのサイズの記入

Chapter 8 | 表面粗さ 022
　1 表面粗さとは／**2** 表面粗さの指定方法

Chapter 9 | 面取り 024
　1 C面取り／**2** R面取り

Chapter 10 | 溶接 026
　1 溶接の概要／**2** 基線と矢／**3** 開先の種類と溶接の種類／**4** サイズの記入／**5** 補助記号

Chapter 11 | 表題欄と部品欄 028
　1 図面の周辺に描くもの／**2** 表題欄／**3** 照合番号／**4** 部品欄／**5** 輪郭線と中心マーク

Chapter 12 | 組立図 030
　1 機械全体の図／**2** 組立図の描き方／**3** 照合番号と矢印／**4** 表題欄／**5** 部品表／
　6 組立方法の記載

Chapter 13 | サイズ公差 032
　1 サイズの正確さ／**2** サイズ公差の考え方／**3** サイズ公差が必要なとき／**4** 公差の個別指定／
　5 普通公差／**6** サイズの累積誤差

| Chapter 14 | 軸と穴のはめあい | 034 |

1 はめあいとは／2 すきまばめとしまりばめ／3 サイズ許容空間／
4 基礎となる許容差／5 基本サイズ公差等級／6 はめあいの指定方法／
7 穴基準と軸基準／8 よく使うはめあい

| Chapter 15 | 幾何公差① ——概要 | 038 |

1 幾何公差とは／2 幾何公差の種類／3 データム／4 幾何公差の指示方法の原則／
5 普通幾何公差／6 最大実体公差方式

| Chapter 16 | 幾何公差② ——各種の指示方法 | 042 |

1 真直度／2 平面度／3 真円度／4 円筒度／5 平行度／6 直角度／7 位置度／8 同心度／
9 振れ

| Chapter 17 | 立体図 | 046 |

1 立体図とは／2 立体図と投影法① ——概論／3 立体図と投影法② ——各論／
4 立体図の描き方／5 等角図とアイソメトリック図

| Part 1 | 練習問題 | 050 |

Part 2 | 機械部品 — 063

| Chapter 18 | ねじ | 064 |

1 ねじの種類／2 ねじの呼び径／3 ピッチとリード／4 ねじの作り方／5 おねじの頭とナットの形／
6 座金／7 ねじの強度と材質／8 ねじの使い方／9 ねじのトルクと軸力

| Chapter 19 | 歯車 | 068 |

1 歯車の特徴／2 歯車の種類／3 歯車の直径と歯の大きさ／4 歯の形／5 伝達できる力／
6 歯車の製図／7 歯車による減速の設計

| Chapter 20 | 軸受 | 072 |

1 軸受の概要／2 転がり軸受の型番／3 転がり軸受の製図／4 軸受を使った設計

| Chapter 21 | キー結合 | 076 |

1 キー結合の概要／2 キーの種類／3 キーの規格／4 キー溝の作成方法／5 キーおよびキー溝の製図

| Chapter 22 | 止め輪 | 078 |

1 止め輪の種類／2 止め輪の規格

| Chapter 23 | ばね | 080 |

1 ばねの形／2 ばねの製図／3 ばね定数／4 ばねを使う設計

| Chapter 24 | 金属材料と樹脂材料 | 082 |

1 鉄と鋼／2 アルミニウム／3 銅／4 樹脂

| Part 2 | 練習問題 | 084 |

Part 3 | 設計 ... 087

Chapter 25 | 加工方法と組立精度を考えた設計 ... 088
1 作れない形／**2** 加工方法とコスト／**3** 薄板形状の部品／**4** 四角形状の部品／**5** 円筒形状の部品／**6** 組立精度を実現する設計

Chapter 26 | 機械材料の性質 ... 092
1 機械設計のための材料力学／**2** 応力とひずみ／**3** 機械材料の強さ／**4** 材料の硬さと粘り強さ／**5** 材料の剛性

Chapter 27 | 軸受の支持設計 ... 096
1 片持ちと両持ち／**2** 軸受の個数と間隔／**3** 回転部と固定部の接触回避／**4** 軸とベアリングの抜け止め

Chapter 28 | 構想図① ── イメージを伝える ... 098
1 構想図とは／**2** 構想図に込める情報／**3** 内容が伝わりやすい構想図を描くために

Chapter 29 | 構想図② ── 立体的な構想図を描く技術 ... 100
1 3次元の物体の見え方／**2** 透視図法の原理／**3** 透視図法① ── 平面を描く／**4** 透視図法② ── 曲線・曲面を含む物体を描く／**5** 透視図法③ ── 陰影を加える

Part 3 | 練習問題 ... 104

Part 4 | CAD ... 107

Chapter 30 | CADの活用 ... 108
1 CADとは／**2** CADの特徴／**3** 3次元CADとその特徴／**4** 3次元CADを用いた設計・製図の手順

Chapter 31 | モデリング ... 112
1 3次元モデルの表示形式／**2** CADソフトとCGソフトとの違い／**3** 伸ばす・切り取る／**4** 追加工／**5** モデリングの際の注意

Chapter 32 | アセンブリ ── 拘束条件と運動 ... 116
1 アセンブリとは／**2** 部品どうしの拘束条件／**3** アセンブリファイルを用いた解析

Chapter 33 | ドラフティング ... 120
1 ドラフティングとは／**2** 図枠と表題欄の作成／**3** 投影図の配置／**4** 補助線の追加／**5** サイズの記入

Part 4 | 練習問題 ... 122

The References | これが使ってよい表記法だ！ ... 124
参考図面 ... 132
練習問題解答 ... 135
Index ... 150

Basic Mechanical Design Drafting　Part 1　製図

Chapter 0 | 製図をはじめよう

1 機械製図とは

　機械関係の仕事をするには、図面の知識が欠かせない。機械の図面には、外側の形だけでなく中身の構造が示されている。たくさんの部品が組み合わされてできている機械では、その1つひとつの部品の形と各部のサイズ、材料の種類まで詳細に図面に書かれている。世界に1つしかない機械があったとしても、その機械の図面があれば、同じものをもう1つ作ることもできる。いわゆる「設計図」があれば、クローンが作れるというわけである。それほどまでに、図面には機械のすべての情報が含まれている。一方、自分が機械を設計するとき、図面は構想を具体化して整理するだいじなツールである。また、他人を交えて設計内容を検討するときは、図面が共通のコミュニケーションツールとなる。

　新しい機械を作るときは、**図0-1**のような流れで進めるのが一般的である。まず、(a)の企画で、どのような機械にするのか、目標を決める。これを受けて、(b)の構想・設計をおこなう。ここでは、**Chapter 28, 29**で説明する構想図を描いたり、主要な内部構造のラフスケッチ（図面の下描きと思えばよい）を描いたりする。動作の速度や正確さなど、目標の性能が出せるのか、あるいは強度（こわれにくさ）や耐久性は十分か、などを検討する。こうして構造やサイズ、外見意匠を決めることを**設計**といい、その設計で決めた内容を図面に描くことを**製図**という。製図では、全体の構成を示す**組立図**［図0-1(e)］と、各部品の詳細を示す**部品図**［図0-1(f)］を作る。なお、実際には、設計の細かい部分（詳細なサイズの決定など）は、製図と同時におこなうことも多い。

　かつては、製図とは図0-1(c)のように紙に鉛筆やペンを使って手描きでおこなうものであった。近年では、図0-1(d)のようにコンピュータの画面を見ながら操作して図面データをつくることが多い。このようなコンピュータを使った設計・製図をCAD（Computer Aided Design）と呼ぶ（**Chapter 30～33**）。

　作成した図面は工場に送られる。工場では部品図に記載

(a)企画

(b)構想・設計

(c)手描き製図

(d)CAD製図

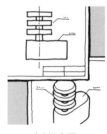
(e)組立図

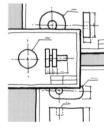
(f)部品図

(g)加工1

(h)加工2

(i)組立

［図0-1］　設計製図と製作

された部品を作るため、材料を仕入れ、それを切る、曲げる、削るなどの加工をおこなう。このとき、技術者たちは部品図を見て、そのとおりに仕上がるように加工する［図0-1(g)(h)］。次に、複数の部品を合わせて目的の機械になるよう組み立てる。この作業は組立図を頼りにしておこなう［図0-1(i)］。

このように、図面を共有して多くの機械技術者たちが1つの機械を完成させるのである。本書は、その技術者に欠かせない製図の規則を学び、設計の基礎を知る入門書である。

2 製図のはじめに

図面の描き方は規則が決められている。本書では、**JIS（日本産業規格）** にもとづいて製図の規則を説明する。この統一された規則に従って図面を作成すれば、誰にでも設計の内容を伝えることができる。この章では、その規則の中でも、はじめに知っておきたいことを説明する。

2.1｜組立図と部品図

機械の構造やサイズをすべて記載するのが図面であるが、すべてを1枚に示すのは無理がある。そこで、全体の構成を示す組立図と、個々の部品の形状やサイズを示す部品図に分ける。部品図は1種類の部品につき1枚とする。

例として、**図0-2**の車輪を考えよう。これは2種類、3個の部品（パーツ）からできている。全体の構成を表す**図0-3**のような図面が組立図である。個々の部品を実際に製作できるように詳細に表した**図0-4**、**図0-5**のような図面が部品図である（実際の図面には、図に加えて説明の表などを書く，**Chapter 11**）。組立図と部品図の対応は**照合番号**［図0-3〜0-5の①②］で示す。

組立図や部品図は、図0-2のような斜めから見たものではなく、図0-4、0-5のように直交する2方向あるいは3方向から見た図で表す。図0-4は2方向から見たもので、左側の図が**正面図**、右側の図は右から見た**側面図**である。多くの部品は、正面、右、上の3方向から見た**三面図**の手法で描く。その方法を**Chapter 1**で説明する。

また、図0-5の左側の図は、車輪を中央で切断した断面を描いた**断面図**である。正面や側面から見てもわかりにくい内部の構造を示すときに用いるとよい。断面図の描き方は**Chapter 3**で説明する。

［図0-2］　車輪の外観

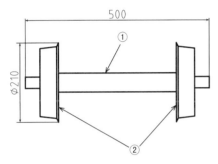

［図0-3］　車輪の組立図

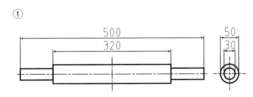

［図0-4］　車軸の部品図

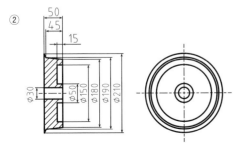

［図0-5］　車輪の部品図
左図は断面図

2.2 | サイズと尺度

部品図には、各部の**サイズ**（長さや角度。2016年より前は寸法といっていた）を記入する。機械製図ではサイズに単位の記号はつけず、数字だけを書く。記号はないが、すべてmm単位と決まっている。10メートルの大きなものでも「10000」と記入する。また、記したサイズが円の直径であることを示すには、図0-5のように、数字の前に「φ」の記号をつける。サイズの記入方法は**Chapter 4, 5**で説明する。

現物の大きさに対して、図面をどのくらいの大きさに描くかを**尺度**という。尺度は、基本的には**現尺**（実際のものと図面が同じ大きさ。原寸大のこと）がよい。現尺の尺度は「1 : 1」と表す。しかし、たとえば図0-3～0-5の車輪を現尺図面で描こうとすると、大きくなりすぎる。その場合は縮小して描くとよい。このように現物より図のほうを小さくすることを**縮尺**と呼ぶ。たとえば、図0-4の車軸を1 : 5の縮尺で描くときは、長さ500 mmの車軸を図面では100 mmの長さに描く。しかし、現物のサイズの数字として「500」と記入する。1つの図の中では、すべてのサイズを同一の尺度で表す。尺度は、図面が見やすくて扱いやすい大きさの紙（A3判など）に描ける程度にするのがよい。原則として**表0-1**にあるものから選ぶ。なお、製図ではA判の用紙（通常A0～A4）を使い、B判は使わない。

一方、縮尺とは逆に、現物より図のほうを大きく、拡大して描くことを**倍尺**という。図0-6のように、小さい部分の形状が複雑で線が重なってしまうとか、サイズの数字を書き入れにくいときに拡大するとよい。単に部品が小さいからといって、紙に合わせて拡大する（たとえば20 mmほどの部品をA4用紙に合わせて10倍に描く）必要はない。

2.3 | 線の使い分け

図面では太さの違う線を使い分ける。図0-4、0-5のように、部品の外形は太い線、サイズの記入のための補助線や矢印は細い線で描く。この規則は**Chapter 2**で説明する。

また、つながった線（実線）のほかに、途切れた線を使い、それぞれに意味をもたせる。機械製図では**図0-7**のような**実線、破線、一点鎖線、二点鎖線**の4種を使う。**図0-8**のような点線（点あるいはごく短い線をならべた線）

図面の中のサイズなどの文字や数字は、図0-6のように、図面の下辺または右辺を手前にして見たときに正立して（少し傾斜してもよい）読める向きに記入する。

図面を現尺で表したからといって、図面を見るときに、紙にものさしを当ててサイズを測ることはしない。必要なサイズはすべて数字で記入する。

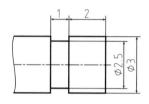

［図0-6］ 倍尺のほうが見やすい例

　実　線 ─────────
　破　線 ─ ─ ─ ─ ─
一点鎖線 ───・───・───
二点鎖線 ──・・──・・──

［図0-7］ 機械製図で使う線の種類

・・・・・・・・・・・・・・・・・・・・・・

［図0-8］ 機械製図では使わない点線

［表0-1］ 図面の尺度

縮尺	1:2　1:5　1:10　1:20　1:50 1:100　1:200　1:500　1:1000 1:2000　1:5000　1:10000
現尺	1:1
倍尺	2:1　5:1　10:1　20:1　50:1

［表0-2］ 普通公差（中級の一部抜粋）

上段：サイズ範囲、下段：許容差。単位はmm

0.5以上 6以下	6を超え 30以下	30を超え 120以下	120を超え 400以下
±0.1	±0.2	±0.3	±0.5

は使わない。図0-3～0-5にある一点鎖線は、丸いものの中心線を表したり、左右対称形の中心を表している。

2.4 | サイズの正確さ

図面に記したサイズの数値は、どれくらいの正確さをもっているか、規則が決まっている。たとえば「50」と書いた部分は、ぴったり50.000でなくてもよい。機械製図では**表0-2**のように**普通公差**という許容範囲が決められて、図面に書いたサイズの数値はこの範囲のことを意味している。たとえば「50」と書けば、普通公差中級を適用すると49.7～50.3のことである。

図面を見て部品を作るときは、サイズがこの許容範囲に収まるようにする。また、設計するときは、この許容範囲なら問題なく組み立てができ、機械が動作するように考える。もし、もっと高い精度を必要とするときは、特別な許容範囲を適用する。それを記号などを使って示す規則を**Chapter 13～16**で説明する。

特別な許容範囲の指定が必要なのは、たとえば**図0-9**のように2つの部品をはめ合わせるときである。内側の部品が外側の部品の凹みよりわずかでも大きいと入らない。このように、サイズの数字が同じでも大小関係を決めておきたいときには、図0-9のようにサイズの上限と下限を書いておく。このような大小関係はとくに丸穴と丸軸の組み合わせにおいて重要で、**図0-10**のように**はめあい記号**を使って指定する規則がある。φ10g6は9.986～9.995、φ10H7は10.000～10.015の許容範囲をもつ。このサイズの範囲であれば軸が穴の中に必ず入る。サイズ公差は**Chapter 13**、はめあいは**Chapter 14**で説明する。

2.5 | 表面粗さ（あらさ）

図面では、部品の表面がたんに線で描かれているが、その表面がどのような質感なのか、図形からはわからない。たとえば図0-5の車輪の場合、レールに当たる面は凹凸の小さい、なめらかな面がよい。一方、車輪の側面はざらざら（細かい凹凸がある）でもよい。そこで、**図0-11**のように、表面の凹凸の程度を**表面粗さ**という数字で示す。図0-11に示した「Ra 6.3」とは、表面の凹凸の平均が6.3 μm（0.0063 mm）という意味である。表面粗さ指定の規則は**Chapter 8**で説明する。

図面に10.125と示しても、1000分の1 mmの精度を意味しているわけではない。普通公差を適用すれば9.925～10.325の範囲が許容される。

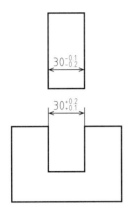

[図0-9] 2つの部品サイズの大小関係が確実になるように許容差を指定する方法

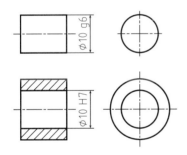

[図0-10] 軸と穴のはめあい指定
（g6とH7がはめあい記号）

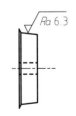

[図0-11] 表面粗さ指定

JISでは、表面粗さと真直度などの幾何公差（**Chapter 15, 16**）を合わせて表面性状という。

Chapter 1 | 三面図の描き方 ── 第三角法と第一角法

　図面を描く人と読む人が同じ部品をイメージできるようにするためのルールとして、本章では三面図と投影法について説明する。まず具体例を使って三面図の読み方と描き方を理解しよう。そして、正しい三面図を描くために必要な投影法の原理も学んでいこう。

1 三面図とは

　図面は基本的に**三面図**として描く。簡単に言い換えると、3方向から見たときの形を表す図をそれぞれ描く、ということである。**図1-1**の郵便ポストを例に考えてみよう。

1.1 | 図面の基本となる6つの方向

　郵便ポストは**図1-2**のように、いろいろな方向から見ることができる。この中から、最も基本となる「正面」を定める。一般に、対象物の輪郭線が多く現れる面の向きを正面とする［図1-2(a)］。図1-2(b)〜(f)はそれぞれ正面に対して、上・右・左・下の直交する向きから見た外形と、正面に対して裏側から見たときの外形である。図面を描くうえでは、これら6方向からの見た目に対応した図が基本となる。このように、対象物の3次元形状を2次元平面に描いた図を**投影図**と呼ぶ。**図1-3**の6方向からの投影図をそれぞれ、①**正面図**、②**平面図**（**上面図**と呼ぶこともある）、③**右側面図**、④**左側面図**、⑤**下面図**、⑥**背面図**と呼ぶ。

1.2 | 三面図の基本的な構成

　三面図は、6つの投影図のうち、正面図、平面図、右側面図の3つを選んで描くのが一般的である。外形線が最も多く現れる正面図は、対象物の特徴を最もよく表し、三面図の中で最も重要である。まず正面図を描き、次に、平面図と右側面図を、それぞれ正面図の上と右に描き加える。この3つの図で対象物の形状情報はほぼ表現できる。なお、各図の配置については2節で詳しく説明する。
　なお、旋盤作業（**Chapter 25**）で作られるような円筒形の部品の場合には、加工時の向きに合わせて、円形の方向ではなく長さ方向が左右に向く図が正面図となるので、注意が必要である。

［図1-1］郵便ポストの三面図（三角法）

［図1-2］いろいろな方向から見た郵便ポストの模型
(a)正面から、(b)右から、(c)左から、(d)上から、(e)下から、(f)後ろから。

1.3 | 三面図では不十分な場合

三面図だけでは形状情報が不足したり、読み取るうえで間違いが生じやすくなったりすることがある。そのような場合には、必要に応じて左側面図・下面図・背面図を加えてよい。ただし、図が増えると注目すべきところが見にくくなるため、必要なとき以外はほかの投影図を描き加えないほうがよい。

また対象物によっては、図1-3で示した6方向の図では形状がわかりにくい部分をもつことがある。そのような場合には、**図1-4**のように、適切な方向から見た図を追加する。このような図を**補助投影図**と呼ぶ。

2 投影法 ——第三角法と第一角法

三面図を描く際に、どの方向から見た投影図を、どのような位置関係で配置するかは、**投影法**によって定められている。投影法には複数の種類があるが、日本やアメリカでは**第三角法**、ヨーロッパや中国などでは**第一角法**が用いられる。

第三角法は、**図1-5**(a)のように、物体の手前にスクリーンを置き、視点から見た形状を投影したものである。正面図に対して右に右側面図、上に平面図を配置する。一方、第一角法は、図1-5(b)のように、物体の後方にスクリーンを置いて視点から見た形状を投影する。正面図の左に右側面図、下に平面図を配置する。この両者を混同して図面を描くと、意図とは異なる部品を表してしまう可能性がある。ここで違いをしっかり理解しておこう。

図面は、第一角法と第三角法のどちらの投影法で描いたかひと目でわかるようにする必要がある。そこで、表題欄（**Chapter 11**）の所定の箇所に、**図1-6**に示す**投影法マーク**を記入しなければならない。

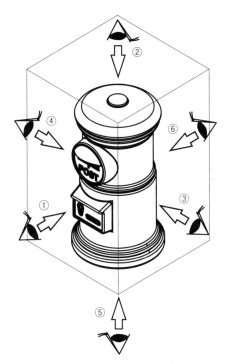

［図1-3］製図で使う6つの視点方向（投影方向）

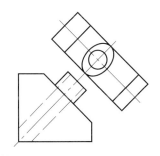

［図1-4］補助投影図

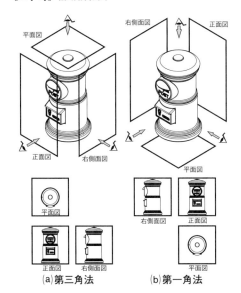

［図1-5］投影法

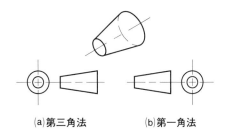

［図1-6］投影法マーク

Chapter 2 線

製図において使用する線の種類（描き方）と太さには、規格がある。本章では、その規格の概要と、線の使い分け方について説明する。

1 線の種類

製図で通常使用する線は、**図2-1**に示す**実線**、**破線**、**一点鎖線**、**二点鎖線**の4種類である。この4種類でほぼすべての機械製図は可能である。それぞれ図2-1のとおり、描き方が決まっているので覚えておこう。

なお、**図2-2**に示す点線と破線がよく混同されるので、注意してほしい。点線は、ごく短い線（点）がごく短い間隔で並んだものであり、破線とはまったく異なる。機械製図では通常、点線は使わない。

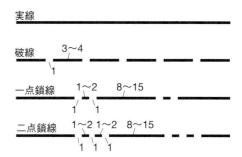

[図2-1] 線の種類

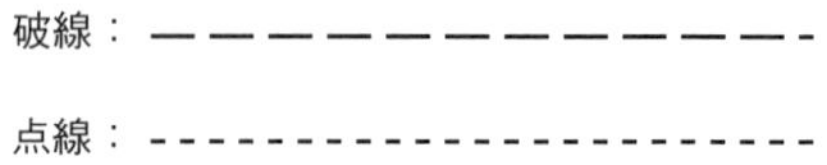

[図2-2] よくある間違い：破線と点線

2 線の太さ

製図では3種類の太さの異なる線、すなわち**細線**、**太線**、**極太線**を使い分ける。1つの図面の中で、それぞれの線の太さの比を1：2：4とする。また、使用できる線の太さは、**図2-3**に示す0.13、0.18、0.25、0.35、0.5、0.7、1、1.4、2 mmの9種類である。描く図面の大きさに合わせて、この中から使用する3種類の太さを選ぶ。

図面を手描きする場合、市販の製図用シャープペンには芯の太さが0.3、0.5、0.7、0.9、2 mmのものがあるので、これらを使用して太さの異なる線を描き分ける。よく使われる組み合わせは、0.3、0.7、1.4 mmである（0.35 mmを0.3 mmで代用している）。

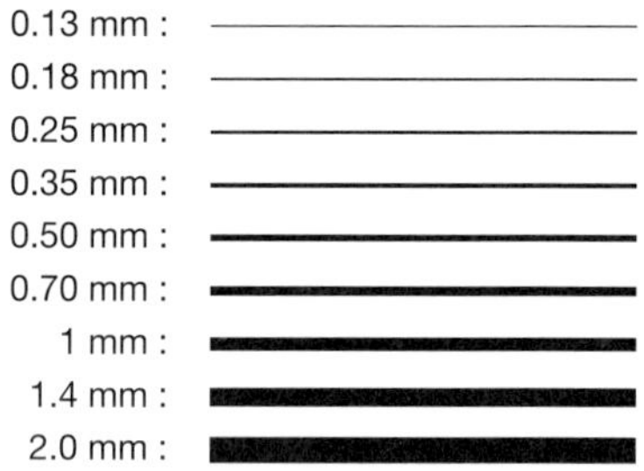

[図2-3] 製図で使われる線

3 線の使い分け

実線・破線・一点鎖線・二点鎖線の4種類は、それぞれ用途が決まっている。さらに、細線・太線・極太線の3種類も、表現できる内容が決まっている。一般的に使用する線の種類とその用途、線の太さの関係を**表2-1**にまとめた。また、表2-1で紹介した線を使った図面を**図2-4**と**図2-5**に示す。

外形線とは、部品の形を表す線で、部品を見たときにはっきりとわかる輪郭などを表す。部品の形状を描くうえで最も重要な線なので、太い実線で描かれる。

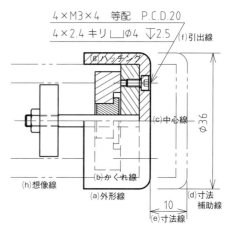

[図2-4] 線の使い分け

Chapter 2 　線

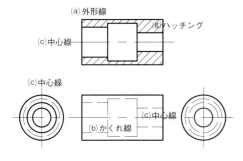

(a) 外形線（太い実線）
　エッジなどの見える部分を表す線
(b) かくれ線（太い破線／細い破線）
　見えない部分の線
(c) 中心線（細い一点鎖線）
　ものの中心を表す線
(g) ハッチング（細い実線）
　断面であることを表す斜線

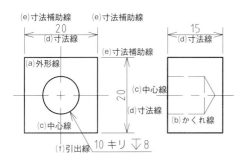

(d) 寸法線（細い実線）
　サイズ（長さや角度など）を記入するための線
(e) 寸法補助線（細い実線）
　ものの端などから引き出すための線
(f) 引出線（細い実線）
　ものの形状や注釈などを表すために引き出す線

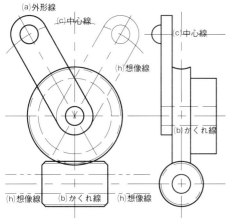

(h) 想像線（細い二点鎖線）
　隣りあう部品の位置を参考に示したり、特定の位置・移動限界を表すのに用いる線

[図2-5] 線の使い分け（詳細）

　かくれ線とは、対象物の見えない部分にある輪郭などを表現する線である。

　中心線とは、図形の中心を表す線である。たとえば、円筒形の部品や丸い穴、左右対称な長方形の部品などの中心を明示的に表すために用いる。そのほか、歯車の製図で重要なピッチ円（**Chapter 19**）を表すのにも使用する。

　表2-1以外の線も図面に使われる。**切断線**、**重心線**、**破断線**などである。また、中心線と同じ一点鎖線でも、太く描くことで**特殊指定線**という特別な用途をもった線となる。これらを理解するためには、必要なときに規格書などで確認するように心がけるとよいだろう。

[表2-1] 線の用途と種類・太さの組み合わせ

用途別の名称	用途	種類と太さ	参照図
外形線	エッジなど見える部分の形状を表す線	太い実線	図2-4(a)
かくれ線	見えない部分の形状を表す線	破線	図2-4(b)
中心線	ものの中心を表す線	細い一点鎖線	図2-4(c)
寸法補助線	サイズ（長さや角度など）を記入するためにものの端などから引き出すための線	細い実線	図2-4(d)
寸法線	サイズ（長さや角度など）を記入するための線	細い実線	図2-4(e)
引出線	サイズを記入するため、またはものの形状や注釈などを示すために引き出す線	細い実線	図2-4(f)
ハッチング	断面であることを表すための斜線	細い実線	図2-4(g)
想像線	となりあう部品の位置を参考に表す、または可動部品の特定の位置・移動限界を表すのに用いる線	細い二点鎖線	図2-4(h)

極太線を使う機会は少ない。薄い板状の断面を表裏2本の線の代わりに1本の線で表すときに用いる。

線の種類（描き方）について
JISでは、線の太さをdとしたとき、破線・一点鎖線・二点鎖線をそれぞれ以下のように描くよう規定されている。
- 破線：12d（短線）－3d（すき間）のくり返し
- 一点鎖線：24d（長線）－3d（すき間）－6d（極短線）－3d（すき間）のくり返し
- 二点鎖線：24d（長線）－3d（すき間）－6d（極短線）－3d（すき間）－6d（極短線）－3d（すき間）のくり返し

図2-1は上記の比で表してあり、線の太さが0.35 mmのとき原寸に一致する。また、CAD製図の場合は、使用するソフトに依存する。

Chapter 3 断面図

製図では、外形線やかくれ線を使って投影図を描く。しかし、部品によっては、外から見た投影図だけでは形状情報が正しく伝わらない可能性がある。たとえば、**図3-1**に示す郵便ポストのように、外側からは見えない部品内部の形状が複雑な部品は、**図3-2**(a)の投影図のみで正確に形状を伝えるのは難しい。このような場合、部品を仮想平面で切断した状態で描く**断面図**［図3-2(b)］が有効である。本章では、断面図の種類とその描き方を説明する。

［図3-1］郵便ポストの内部

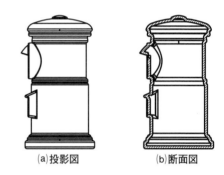

(a)投影図　　(b)断面図

［図3-2］郵便ポストの断面図

1 断面図の基本的な描き方

まず、断面図の基本的な描き方を学ぼう。部品図の中で用いる断面図と、組立図の中の断面図とで別々に説明する。

1.1 部品図における断面図

部品単体の図面で断面図を描く手順は以下のとおりである。まず、**図3-3**のように、断面図で表現したい面（**切断面**という）を決定する。通常は、投影面に平行な面で切断する。そして、切断面に表れる外形線を太い実線で描く。また、切断面より奥に見える外形線もすべて太い実線で描く。ただし、描くことでとくに見にくくなる線は省略してもよい。仮想的に切断した面に対してもかくれてしまう形状に関しては、かくれ線で描くことはせずに、通常は省略する。

断面部分には**図3-4**のように、**ハッチング**と呼ばれる斜めの細い実線群を描き入れる。ハッチングの線は、部品の主たる中心線に対して45度傾けるのがよい。また、線と線の間隔は2～3mmとする。ただし、明らかに断面とわかるときにはハッチングを省略してもよい。

1.2 組立図における断面図

組立図（**Chapter 12**）など、複数の部品を含む図面の断面図は**図3-5**のように描く。同一部品に対しては同じハッチング（同じ角度・同じ間隔をもつ線群）を用い、別の部品には傾きあるいは間隔の異なるハッチングを用いて、区別できるようにする。JISでは、傾きは45度以外でもよいとされている。

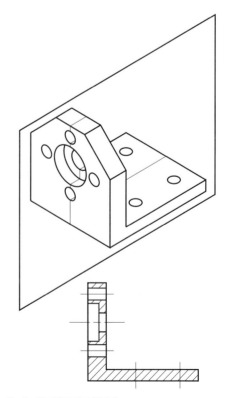

［図3-3］断面図の描き方

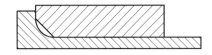

[図3-4] ハッチングの描き方

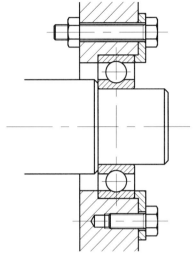

[図3-5] 組立図の断面図（軸、ボルト、ナット、ボールは切断しない）

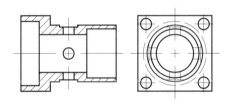

[図3-6] 全断面図①（中心線での切断）

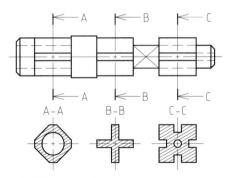

[図3-7] 全断面図②
中心線以外の切断面で切断する場合

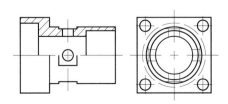

[図3-8] 片側断面図

1.3 | 回転する部品の断面図

回転する部品の部品図や回転する部品を含む組立図などは、断面図にするとわかりやすい。図3-5に示すように、回転する軸の中心線に垂直な平面で部品を切断して断面図を描く。ただしJISでは、軸、ピン、ボルト、リベット、キー、コッタ、リブ、車の腕、歯車の歯などは、長手方向（回転しても形状が変わらない軸方向）にはふつう切断しないことになっている。

2 断面図の種類と描き方

断面図を描く際の仮想切断面の選び方には、いくつかの種類がある。部品の形状を正しく伝えるためには、適切な図示法を選択しなければならない。機械製図で使用する主要な断面図の描き方を、以下に説明する。

2.1 | 全断面図

部品全体をある切断面で2つに切断した投影図のことを、**全断面図**という。**図3-6**は全断面図の例である。原則として、部品の中央（中心線を含む平面）で切断する。部品の中央以外の断面図を描きたい場合には、任意の位置に切断面を設定することができる。この場合、どの位置（平面）での断面かを示すために、**図3-7**のように**切断線**を描かなくてはいけない。切断線は、細い一点鎖線で端部を太くした線とする。投影法に従わない位置に断面図を配置したい場合には、切断線の端に、投影方向を表す矢印を描く。複数の断面を描きたい場合には、**断面記号（アルファベット）**を記載して断面図とその切断箇所との対応を明らかにする。

2.2 | 片側断面図

対称な形状をもつ部品の場合、**図3-8**のように、中心線に対して片側に外形、もう片側に断面を描いてもよい。このような断面図を**片側断面図**という。内部の形状と外形を同一図面で示せるため便利である。片側断面図を描くとき、上下対称の部品の場合は上側を、左右対称の部品の場合は右側を断面図とすることが多い。

Chapter 4　サイズの記入

（旧JISでは寸法であった。新JISでも、総称としては寸法を使うが、本書では「サイズ」とする。）

部品の形状を描いたら、**サイズ**を記入する。形状の大きさや角度、位置などの情報を表すのがサイズである。したがって、サイズの記入が終わって初めて、作成可能な部品として認識できる図面となる。本章では、基本的な記入方法と重複するサイズの記入の禁止について説明する。

1 サイズの記入方法

図1-1の郵便ポストの正面図にサイズを記入すると、**図4-1**のようになる。その際に、**図4-2**の**寸法線、寸法補助線、寸法数値**を用いる。

1.1 サイズの記入の基本

サイズの基本的な記入例を**図4-3**に示す。これは、大きさ25 mm×25 mm×厚さ10 mmの部品である。これを例に、サイズの記入の手順を紹介する。

(1) サイズの記入箇所の決定：まず、どの部分のサイズを示すかを決める。部品の機能、製作や組立を考え、サイズが必要な箇所を選ぶ。ここでは、部品の幅(25 mm)、高さ(25 mm)、厚さ(10 mm)のサイズを指定する。

(2) 寸法補助線の記入：サイズを示したい箇所の両端部から寸法補助線（細い実線）を引く。寸法補助線は、表したい長さの方向と直交させ部品の外側へ引くのが基本だが、見にくくならなければ部品の中に描いてもよい。外形線に接して描くのが基本である。ただし部品の外形を見やすくするために、外形線から1 mm程度離してもよい。

(3) 寸法線の記入：表したいサイズと同じ長さとなるように、かつ表したい長さの方向と平行に寸法線を描く。寸法線は部品の外形線から10 mm程度離すと見やすい。また、寸法補助線より2〜3 mm内側に描くとよい。寸法線と寸法補助線との交点（寸法線の末端）には、**図4-4**に示す端末記号を記入する。とくに事情がないかぎり、図4-4(a)の矢印の記号を使う。サイズはできるだけ正面図に集中して記入する。また、正面図に記載されているサイズを側面図に描いてはいけない。

(4) 寸法数値の記入：寸法線の上の中央に書く。長さサイズはミリメートル単位で記入し、単位記号 (mm) は

［図4-1］サイズの記入方法（郵便ポスト）

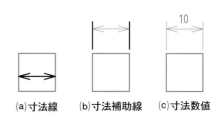

(a)寸法線　(b)寸法補助線　(c)寸法数値

［図4-2］寸法の要素

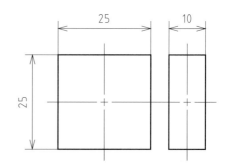

［図4-3］サイズの記入の基本（寸法線・寸法補助線・寸法数値）

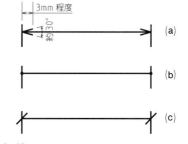

［図4-4］端末記号

Chapter 4 サイズの記入

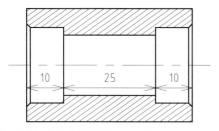

[図4-5] 寸法補助線を使わない方法

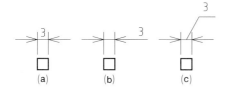

[図4-6] 狭い部分へのサイズの記入

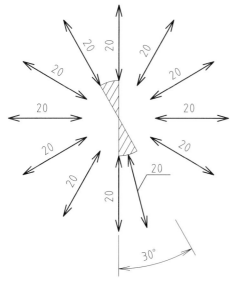

[図4-7] 斜めへの長さサイズの記入

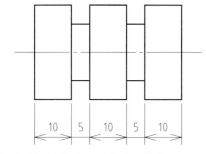

[図4-8] 直列にサイズを並べる記入法
（直列寸法記入）

つけない。桁区切りにカンマは使用しない。寸法線が縦方向の場合は図4-1や図4-3のように書く。

1.2 | 寸法補助線を使わないサイズの指定方法

図4-5のように、寸法補助線を用いず、外形線に対して直接寸法線を当てて描くことも許されている。図4-5は断面図であり、各面から寸法補助線を引き出すと、ハッチングと交差して見にくくなる。このような場合、寸法線を外形線の間に描き、端末記号と寸法数値でサイズを表現してよい。

また、寸法線どうし、寸法補助線どうしはできるだけ交わらないように描く。交わってしまう場合、寸法補助線を用いず外形線から直接寸法線を引くことで、交差を避けられることがある。

1.3 | 狭い場所に対するサイズの記入方法

1.1項で、通常は図4-4(a)に示す矢印の端末記号を使用すると説明した。ただし、6 mm以下の間隔に対してサイズを入れる場合、両側の矢印が重なってしまう。そのような場合は、図4-4(b)や(c)に示す黒丸や斜線の端末記号を使用する。また、図4-6(a)のように、矢印を寸法補助線の外側に描いてもよい。

使用する端末記号にかかわらず、寸法数値は、図4-6(a)のように寸法線の中央上部に記載する。ただし寸法数値を記載することが難しいような狭い箇所などに対しては、図4-6(b)(c)のような記入法も許されている。図4-6(b)は外側に開いた矢印の上部に寸法数値を記入する方法である。図4-6(c)は、寸法線中央より**引出線**と呼ぶ斜めの線で引き出し、それに続いて**参照線**と呼ぶ水平あるいは垂直の線を描いて、参照線の上部に寸法数値を書く方法である。引出線は細い実線で描き、角度は図面を見る方向（図面の下辺または右辺を手前にする）に対し60°で引くと見やすい。参照線は引出線に続けて細い実線で描き、図面を見る方向に対して水平に引く。図4-6(c)の引出線と参照線による記載方法は、端末記号には依存せず、どの場合にも使うことができる。

1.4 | 斜めのサイズの記入方法

寸法線が傾いている場合の寸法数値は、図4-7のように記入する。垂直線に対して30°以下の角度をもつ寸法線（図4-7の斜線の範囲）にサイズを入れる場合、引出線と

013

参照線を用いるのがよい。この範囲の角度で書かれた数字は、とくに6と9などを読みまちがえる可能性が高くなるためである。

2 サイズの配置

複数のサイズの配置方法には、おもに「直列寸法記入法」、「並列寸法記入法」と「累進寸法記入法」がある。部品の加工精度やサイズ公差（**Chapter 13**）の累積、ならびに複数の部品をきちんと組み合わせられるようにサイズの関係を考えながら、適切な記入方法を選択する。

2.1 直列寸法記入法

図4-8に示す直列寸法記入法は、部品の各部のサイズを個別に指定する方法である。その結果として、部品全体のサイズが決定される。各部のサイズが記入されているため、加工者にとっては、必要な情報が得られるわかりやすい記入方法といえる。ただし、次項で説明する並列寸法記入に対して加工誤差の累積が多いという短所がある。累積誤差を許容できるように設計するなどの注意が必要である。

2.2 並列寸法記入法

図4-9に示す並列寸法記入法は、任意の面を基準とし、その面からのサイズをすべて並列に記入する方法である。加工誤差はサイズごとに独立しており、ほかの部分のサイズに影響を与えない。並列寸法で記入された図面を見た加工者は、図面に書かれたサイズ、すなわち基準面からの距離を測り、それぞれのサイズを満たすことを確認していく。加工作業に必要なサイズを図面から計算によって求める必要がないように記入するのが基本である。

2.3 累進寸法記入法

図4-9の並列寸法記入法は、誤差の累積も少なく、設計者にとっては非常に都合のよいサイズの記入法であるが、それぞれの要素ごとにサイズを記載するため、寸法線が増え、見にくくなりがちである。そこで同じ並列寸法を1本の寸法線で表現する方法が、**図4-10**に示す累進寸法記入法である。寸法線において片方の端を基準位置とし、そこに起点記号（○）を記入する。もう一方の端に矢印の端末記号をつけ、起点記号から端末記号までのサイズを表現す

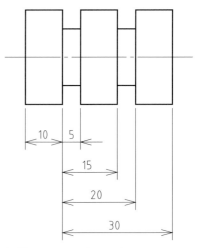

［**図4-9**］並べてサイズを記入する方法（並列寸法記入）

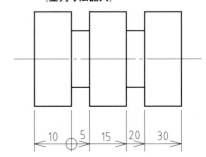

［**図4-10**］累進方式でサイズを記入1（累進寸法記入）

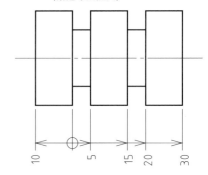

［**図4-11**］累進方式でサイズを記入2（累進寸法記入）

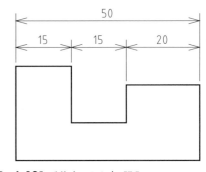

［**図4-12**］重複するサイズの記入

Chapter 4 | サイズの記入

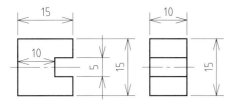
(a) 正面図と側面図でサイズが重複
（高さ15が2箇所に記入されている）

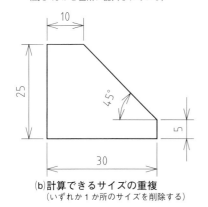
(b) 計算できるサイズの重複
（いずれか1か所のサイズを削除する）

[図4-13] 重複するサイズの記入例

る描き方である。この場合、矢印以外の端末記号を使用してはいけない。また、寸法数値を書き込むスペースがとれない場合には、**図4-11**のように、寸法数値を90°回転させて寸法補助線に並べて書いてもよい。

ほかにも、直交座標系や極座標系を用いてサイズを記入していく座標寸法記入法がある。記入方法の詳細は省略するが、適宜使用するとよい。

3 重複するサイズの記入の禁止

図4-12のように、すべてのサイズを記入した図面は、「重複寸法記入の禁止」という製図のルールに反する。次の2つの条件のどちらかを満たす場合、重複記入となる。

・部品の同じ場所に対して、2か所以上にサイズが入っている（たとえば、複数の投影図の同一部分に対してそれぞれサイズが記入されている）場合［**図4-13**(a)］。
・計算すればわかるところ（個々のサイズの和、あるいは全体からの差で決定される部分）にサイズが記入されている場合［図4-13(b)］。

4 参考寸法

重複するサイズの記入は認められていないが、ほかと重複するようなサイズでも記載してあったほうがわかりやすいこともある。そのような場合、参考寸法を用いる。参考寸法は寸法数値を括弧でくくって示す。参考寸法は、部品がサイズどおりにできているか（許容範囲に入っているか、**Chapter 13**）確認する検証の対象にはならない。**図4-14**(a)に示すように記載されたサイズのうち、20 mmの部分を括弧でくくり参考寸法とすると、全長50 mmと2箇所の15 mmにはサイズの許容限界が指定され、参考寸法には許容限界が指定されない。参考寸法部分の実際の長さはほかの部分の実際の長さに依存する。図4-14(b)のように全長の50 mmを括弧でくくり参考寸法とすると、それぞれの部分には許容限界が指定される。加工後に全長を計測し、検査することはない。設計の条件が部品の最大外形のときには、図4-14(a)のように外形に対してサイズを指定するのがよい。外形以外いずれかの部分を参考寸法とする。また、部品中のある部分の長さに精度が必要で、全体長さは材料を切り出すうえで参考にする程度の場合は、図4-14(b)のように、全体長さを参考寸法とすることが多い。

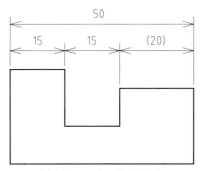
(a) 全体サイズが重要な場合

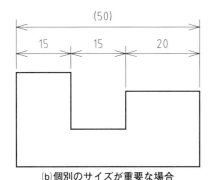
(b) 個別のサイズが重要な場合

[図4-14] 参考寸法

Chapter 5 | 直径・半径のサイズの記入

本章では、**図5-1**に示すような丸い形状へのサイズの記入方法を説明する。直径や半径を指示するときに、寸法線をどこにどのように描くかが重要である。

1 直径・半径の指示の方法

1.1 | 外形に直接記入する方法

図5-2のように、外形線に対して寸法線を直接描き入れる指示方法である。直径を表す場合には、円あるいは円弧の中心を通る寸法線を描き、外形線と接する寸法線の端部に矢印の端末記号を描く。このとき、寸法線は円の中心線と重なる方向には描かない。半径を表す場合には、**図5-3**(a)のように中心から円弧まで斜めに寸法線を引き、円弧側の端部に矢印の端末記号をつけ、中心側には端末記号をつけない（図5-2の「R20」の部分も同様の記入方法である）。

円弧の半径が小さい場合は、図5-3(b)(c)のように、寸法線を適当な長さだけ延長し、その延長部分の上に寸法数値を書き入れてよい。このときの寸法線の角度はとくに決まっていないが、必ず中心から引く。また、寸法線を延長した場合には、端末記号の矢印は内側［図5-3(b)］と外側［図5-3(c)］のいずれに記入してもよい。

半径が大きい場合、**図5-4**のように寸法線を途中で折り曲げ、円弧の中心を適宜移動させて描いてもよい。折り曲げた寸法線の長さは任意だが、円弧に当たる矢印の向きは、円弧に対して直角になるように描かなくてはいけない。また、円弧の中心が図面の範囲外となるような場合には、寸法線を適当な長さで描いてもよい。ただし、寸法線の方向は円弧の中心に向いていなければならない。

1.2 | 寸法補助線を使う方法

部品の側面にある円や球の形状に対してサイズを記入する場合、**図5-5**のように、外形より寸法補助線を引き出して寸法線を描く。ただし、この方法で指定できるのは直径のみで、半径を表すのには使えない。このように、円形に見えない方向からの投影図に直径を記入する場合は、寸法

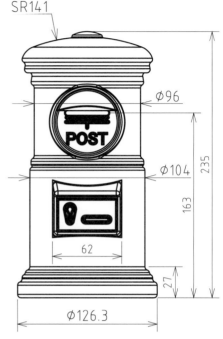

［図5-1］ 直径のサイズを記入した郵便ポスト

φは直径、SRは球面半径を表す

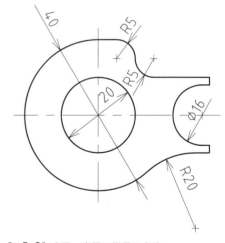

［図5-2］ 直径・半径の指示の方法

円および円弧に直接記載する方法

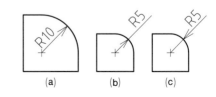

［図5-3］ 外径に直接記載する方法（半径）

Chapter 5 | 直径・半径のサイズの記入

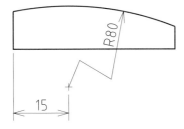

[図5-4] 大きな半径の円弧へのサイズ記入法

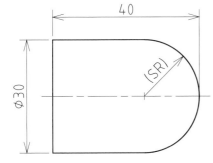

[図5-5] 寸法補助線による方法
SRは球面半径、括弧はほかのサイズで決まることを表す

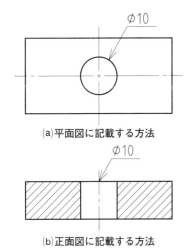

[図5-6] 引出線による直径の指示

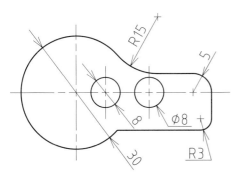

[図5-7] 直径と半径による指示の例

数値の前に必ず直径を表す寸法補助記号「φ」をつけて、「φ30」などと記入する。これにより、長さサイズではなく、丸い形状である直径のサイズと認識できる。

1.3 │ 引出線と参照線による指定法

寸法数値を書き入れるのに十分な空間がない場合、**図5-6**のように引出線と参照線を用いて直径・半径を指示する方法がある。この方法で書かれたサイズは読み取りやすいため、よく使われる。引出線を円周から出す場合、その延長が円の中心を通る角度で描く。たとえば、図5-6(a)の投影図（円形に見える図）では中心に向かう角度にする。また、図5-6(b)の投影図（正面図など）のように円筒を側面から見た図の場合は、外形線と中心線の交わった点（穴の中心点）から引き出す。このとき、引出線を図面の水平に対して60°の角度で引くと見やすくなる。いずれの場合も、先端に矢印の端末記号を加える。寸法数値や加工方法などの注記は、引出線の端より水平に引いた参照線の上に書く。

2 寸法補助記号のつけ方

直径・半径のサイズを指示する場合、その形状をより明確に示すため、寸法数値の前に**寸法補助記号**をつけて表す。ここでは、直径を意味する「φ（マルまたはファイと読む）」と半径を意味する「R（アール）」の2つは必ず覚えてほしい。なお、寸法補助記号は寸法数値と同じ大きさで書く。

φとRの使い分けは**図5-7**のようにする。円や中心角が180°を超える円弧の場合は、直径（φ）で指示し、中心角が180°以下の円弧の場合は、半径（R）で指示することが多い。

投影図から円形であることが明らかな箇所に、寸法線を両矢印で描き入れた場合には、図5-7のようにφは書かない規則になっている（実際には書いてある図面も多い）。半径を指示する場合にも、円弧であることが明らかで、寸法線が円弧の中心から引かれているときには、Rは省略してよい。ただし、引出線を使って記入する場合は、図面上で円や円弧形状であることが明らかでも、φやRをつける。

Chapter 6 穴の個数・深さ・加工方法の記入

1つの部品の図面に何か所もの穴加工の指示を記すことは多い。このような場合、穴の位置情報以外の大きさや深さ情報をまとめて1か所に記入することができる。このとき、同じ形状の穴をいくつあけるのかも合わせて記載する。また、穴の加工方法や、特殊な仕上げ形状も同時に指定できる。本章では、個数指定による個別サイズの記入の省略方法、加工深さの指定方法、加工方法の指定方法について説明する。

1 個数指定

図6-1は、まったく同じ形状の穴（したがって、加工時は同様の工程を繰り返す）を複数もつ部品の図面の例である。図6-1(a)(b)に示すように、投影図上で同じ形状の穴のすべてにサイズを記入すると、図面全体が煩雑になる。これらは図6-2(a)(b)のように表してよい。つまり、1か所の穴にそれと同じ寸法で指定する形状要素の個数を記入することで、ほかの部分への個別記入を省略できる。ただし、それぞれの穴の位置がわかるようにしなければならない。

個数指定のしかたは、「個数×加工サイズ（4×φ3）」とする。すなわち、寸法数値の前に「個数×」を記入するだけである。「加工サイズ×個数（φ3×4）」は誤りなので、注意が必要である。

個数指定は便利ではあるが、使用を避けたほうがよい場合もある。とくに、投影図上に似て非なる穴がある場合には、どれを指すかわかりにくくなるので避けるべきである。たとえば図6-3(a)では、直径の異なる（3 mmと3.5 mm）2種類の穴を3か所ずつ指定しているが、どの円がどちらの直径の穴なのか、ひと目では判断が難しい。このような場合には図6-3(b)のように、すべての穴に個別にサイズを記入すべきである。

2 深さ指定

穴の大きさ・位置が示されている投影図に、穴の深さ情報を併記することができる。ここでは、図6-4上段のように穴をあける面から見た投影図に、深さを記載して指定する方法を説明する。

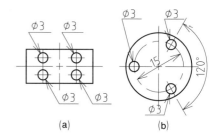

[図6-1] 同じ形状の穴に対するサイズの指定（個別指定）

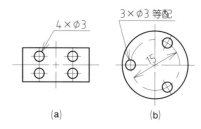

[図6-2] 個数の指定法

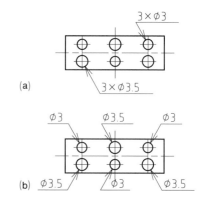

[図6-3] 個数指定は控えたほうがよい例

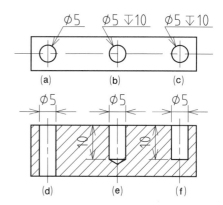

[図6-4] 補助記号を使った深さ指定方法（平面図）とその意味（正面図（断面））

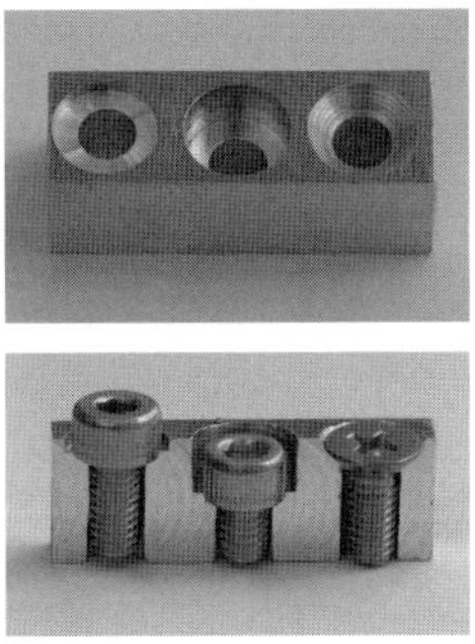

Chapter 6 | 穴の個数・深さ・加工方法の記入

[図6-5] ざぐり・深ざぐり・皿ざぐり

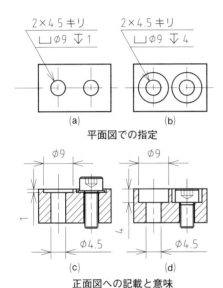

[図6-6] ざぐり・深ざぐりの指定

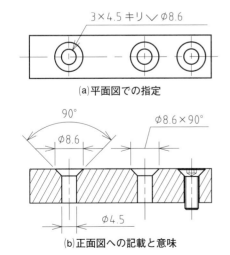

[図6-7] 皿ざぐり（皿モミ）の指定

図6-4(a)のように穴の直径のみ記載し、穴の深さを指示しない場合は貫通穴を意味する。貫通穴であることをわかりやすくするために、寸法数値の後に「貫通」と書くこともある。止まり穴などのように穴の深さを指定する必要がある場合には、寸法補助記号「▽」で指示をする。具体的には、図6-4(b)(c)に示すように、直径のサイズの後に「▽」と穴深さ（図では「10」）を記入する。

図6-4(a)(b)(c)の指定に従って加工される穴の断面図は、それぞれ図6-4(d)(e)(f)になる。平面図と正面図のどちらのサイズの指定方法でも、同じ形状を作ることができる。断面図で描いた図6-3(d)(e)(f)のほうが形状はわかりやすいが、同じ図に位置情報がないため、加工者の立場からは、1枚の図ですべてが把握できる図6-3(a)(b)(c)の指定方法のほうが、作業しやすい。

3 加工方法の指定

本章の最後に、加工方法を指定する方法を説明する。

ドリルで穴をあける指定は、直径のサイズの後に「キリ」と書く。穴の内面を精密に削るリーマ仕上げを指定する場合は、直径のサイズの後に「リーマ」と書く。キリ・リーマともに円形であることが明らかなので、直径を表す寸法補助記号「φ」は使わずに直径の数値のみを書く。キリ・リーマの指定がない場合には、加工者が都合のよい方法で加工をする。これ以外に、**図6-5**のざぐり穴加工や深ざぐり加工を指定することもある。これらの加工は、ねじのすわりをよくしたり、ねじの頭部を埋めて部品の表面の突起をなくすために施される。これらの加工を指定するには、**図6-6**のように、まず下穴の指定をして、続けてざぐり穴を示す寸法補助記号「⌴」とざぐり穴の直径・深さのサイズを記入する。図6-6(a)(b)の投影図で指示した穴の各部のサイズは、図6-6(c)(d)の断面図のようになる。図6-6(a)のようにざぐり穴が浅い場合は、平面図にざぐり穴を示す円は描かない。

皿ざぐりの指定は、下穴の直径、次に加工後の上面での直径を指定すればよい。通常、**図6-7**のように記入する。皿ねじの場合には、ねじ頭の皿部分の角度が90°と決まっているため、皿ざぐりの深さは自動的に決まる。皿ざぐりを表す寸法補助記号「∨」に続けて穴の入口の直径を書くか、正面図では「入口直径×90°」と書けばよい。

019

Chapter 7 ねじの記入

ねじは機械部品の締結において頻繁に使用される部品で、図面に描かれることも多い。本章では、ねじの製図のしかたを説明する。重要な項目は、細線と太線の使い分けと寸法記入の方法である。

1 ねじの作図 ── 山と谷

ねじには**おねじ**と**めねじ**がある（**Chapter 18**）。まず、おねじおよびめねじそのものの図面の描き方を説明する。

おねじとめねじの投影図を正確に描けば、**図7-1**(a)、**図7-2**(a)のようになる。これらのねじの正確な投影図を描くには、多くの線が必要である。そこで製図においては、この手間を省く略画法が用意されており、通常、おねじは図7-1(b)のように、めねじは図7-2(b)のように描く。

図7-1(b)、図7-2(b)に示すねじの描き方のルールはおおむね以下のとおりである。

(1) 山（おねじの外径、めねじの内径）は太い実線で描く。
(2) 谷（おねじの内径、めねじの外径）は細い実線で描く。
(3) 山と谷を表す線は、実際の径に合わせて描く。ただし、内径を実寸とせずに、外径の0.8倍として描いてもかまわない。
(4) ねじが円形に見える方向から見た図では、谷は細い実線の右上の1/4を切り欠いた3/4円で表す（図7-1(b)下および図7-2(b)(c)上）。
(5) かくれたねじを断面図以外の方法で示す場合には、図7-2(c)のように山・谷の線をともにかくれ線（細い破線）で描く。
(6) **不完全ねじ部**（谷の深さが不十分で、機能的にねじが締められない部分）を描く場合には、谷の径から山の径へ30°の角度をもたせた細い実線で描く（図7-1(b)上）。ただし、明示的に不完全ねじ部を指定したい場合以外は、この線を省略することができる。
(7) めねじの断面図におけるハッチングは、図7-2(b)および**図7-3**のように山を表す外形線（太い実線）まで描く。ただし、おねじが重なっている場合は、おねじの外径までとする。

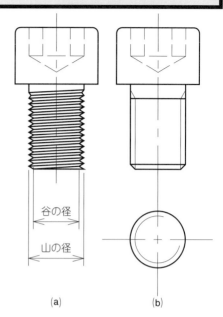

［図7-1］おねじの形状とその描き方

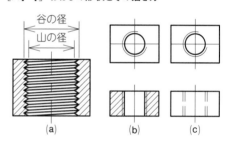

［図7-2］めねじの形状とその描き方

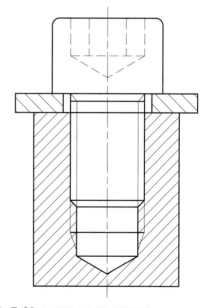

［図7-3］ねじ部品の作図（断面図）

Chapter 7 | ねじの記入

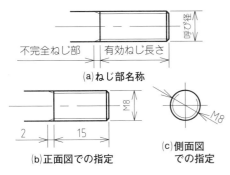

[図7-4] おねじのサイズの記入

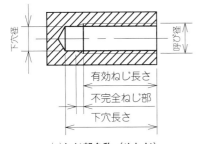

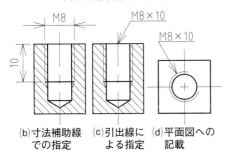

[図7-5] めねじのサイズの記入1

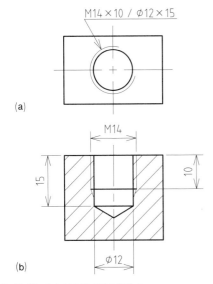

[図7-6] めねじのサイズの記入2

2 ねじのサイズの記入

ねじの形状を描いたら次は、サイズのを記入する。サイズの記入のルールについて、おねじとめねじに分けて説明する。

2.1 | おねじのサイズの記入

おねじの場合、**図7-4**(a)に示す3つのサイズのうち、**呼び径**(外径)と**有効ねじ部**の長さの記入は必須である。呼び径の表記は、メートルねじの場合、Mの文字と直径数値(mm単位)とする(**Chapter 18**)。不完全ねじ部のサイズは、意図的に指定したいとき以外は記入しない。通常は図7-4(b)のように、正面図に各サイズを記入する。呼び径を側面図(ねじが円形に見える方向からの図)に記入したいときには、図7-4(c)のように書く。寸法線はねじの山の線(太い実線)の直径を表すように直接記入する。側面図では寸法補助線を使って引き出して書いてはいけない。また、引出線と参照線を使ったサイズ記入もしない。

2.2 | めねじのサイズの記入

めねじでもおねじと同様に、**図7-5**(a)に示す各部の寸法のうち、呼び径(谷径)および貫通していない場合の有効ねじ深さの記入は必須である。めねじのサイズの記入例を図7-5(b)(c)(d)に示す。それぞれ同じサイズを違う方法で示したものである。いずれの方法でもよい。ただし、図7-5(c)の場合、必ず中心線と外形線の交点から引出線を引き出す。また、図7-5(d)のねじ穴が円で描かれている図(平面図)に引出線でサイズを入れる際には、谷の線(細い実線)が欠けている部分を指さないようにする。

設計の都合上、下穴深さや下穴(**Chapter 18**)の径などの詳細なサイズを指定する必要がある場合は、**図7-6**のように記入する。図7-6(a)は平面図への引出線による指定方法である。ねじ穴加工の指定に続いて、「／(スラッシュ)」と「下穴径(φ12)×下穴深さ(15)」を記入する。図7-6(b)のようにすべてのサイズを寸法補助線を使って記入してもよい。図7-5(c)のように引出線で指定することもできる。下穴のサイズを明示的に指定しない場合は、加工者の判断で適当なサイズで加工される。JISの規格書にある下穴の径で、深さはめねじを切る作業の際に使用するタップ(**Chapter 18**)の頭部の形状を考慮して決める。

Chapter 8 表面粗さ

加工した部品の表面には、図8-1のように凹凸やうねりなどがある。表面粗さ、うねり、加工の筋目の方向など部品表面の仕上がり具合の状態を**表面性状**という。本章では、製図における表面性状に関する項目のうち、基本となる表面粗さの指定方法を説明する。

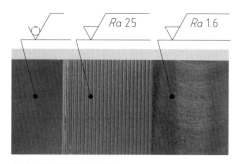

[図8-1] 表面粗さの違い

1 表面粗さとは

表面粗さを指定するには、粗さパラメータの種類と粗さ値を用いる。粗さパラメータの種類は、表面の凹凸の計測結果の処理方法の違いである。ここでは算術平均粗さと最大高さ粗さの2通りを説明する。

1.1 算術平均粗さ（*Ra*）

算術平均粗さは図8-2(a)のように、まず、基準長さ（後述）における凹凸の高さの平均値を計算する。その平均高さに対して、凹凸の曲線（粗さ曲線という）の絶対値（谷を山とした値）の平均高さをμm（1 mmの1/1000）単位で表したものが、算術平均粗さ*Ra*の値である。算術平均粗さは、基準長さ内での高さのばらつきを平均化するため、1か所の傷などの影響はそれほど大きくない。この性質から、一般的な表面粗さの指定法としてよく用いられる。

1.2 最大高さ粗さ（*Rz*）

最大高さ粗さのパラメータ値は図8-2(b)のように、基準長さ内における最大山高さ（*Rp*）と最大谷深さ（*Rv*）の和をμm単位で表す。算術平均粗さと異なり、1か所でも大きな傷があれば値が変わる。したがって、傷が機能に影響を与える可能性がある、気密部品などの面の表面粗さ指定に用いられる。

なお、基準長さは粗さパラメータの種類によって異なる。たとえば*Ra* 1.6では基準長さは0.8 mm（粗さパラメータ値の500倍）、*Rz* 6.3では基準長さは0.8 mm（粗さパラメータ値の100倍）である。

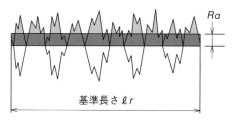

(a) 算術平均粗さ
平均高さとの差の絶対値の平均

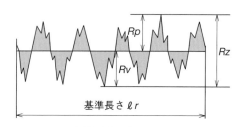

(b) 最大高さ粗さ

[図8-2] 表面粗さの種類

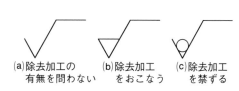

(a) 除去加工の　(b) 除去加工　(c) 除去加工
　有無を問わない　をおこなう　を禁ずる

[図8-3] 表面性状記号

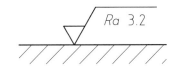

[図8-4] 表面粗さの指定

（算術平均粗さ3.2μmを指定する場合）

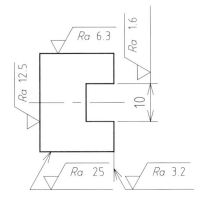

[図8-5] 表面性状記入の向き

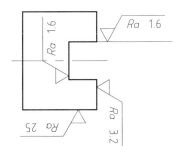

[図8-6] 間違った向きの表面性状記入

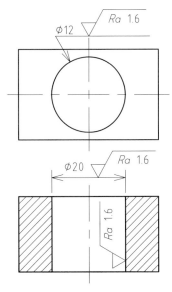

[図8-7] 穴への表面性状の指定

[表8-1] 表面粗さの指示値と用途例

表面粗さの指示値		用途
Ra	Rz	
1.6	6.3	良好な機械仕上げ面 （軸受けや挿入穴などの接触面）
6.3	25	経済的な機械仕上げ面
12.5	50	重要でない仕上げ面
25	100	寸法的に差し支えない荒仕上げ面

1.3 | 粗さパラメータ値の指示数値

表面粗さの粗さパラメータ値は自由に決められるわけではなく、100を2^n分の1にした数値（適宜、四捨五入する）を使う。寸法精度、すべりや転がりの有無、見た目などを考慮して決定するとよい。参考として、表面粗さの指示値と用途の一例を**表8-1**に示す。

2 表面粗さの指定方法

まず、表面加工（除去加工）をおこなうかどうかを表面性状記号で指示する。**表面性状記号には図8-3の3種類がある。**それぞれ、(a)除去加工の有無を問わない、(b)除去加工をおこなう、(c)除去加工を禁ずる、という指定である。除去加工をおこなう場合には、**図8-4**のように粗さパラメータの種類と粗さパラメータの値を記して指定する。

表面粗さを指定するには、対象の面に外側から表面性状記号（図8-3）をあてる。表面性状記号は**図8-5**に示すように、図面を下側あるいは右側から見たときに図8-4の向きになるように描く。**図8-6**のように記入してはいけない。図8-6内のRa 1.6の指示（2か所）は、向きは正しいが部品の内側の面に対して記入されている点が誤りである。Ra 3.2、Ra 25の指示は、部品の外側の面に対して描いているのは正しいが、向きがまちがっている。この場合、図8-5のように引出線と参照線を用いて記入する。

図8-7は、穴の内面に表面粗さ（Ra 1.6）を指定した例である。上は引出線を用いて指定する方法、下は寸法線に指定する方法であり、いずれの描き方でもよい。また、下の断面図に描かれた、穴の内側の外形線に対して直接記入する方法でも指定できる。

Chapter 9 | 面取り

切削加工後の部品の端部には、**図9-1**(a)に示すようなバリと呼ばれる削りかすが残る。バリが残っている部品を扱うと、さまざまな不都合が生じる。たとえば、組み立て作業中にバリで手を切ってしまったり、面と面を完全に接合できなかったりする。とくに、直径は適切に加工されているにもかかわらず、バリのせいで穴にシャフトを通すことができないケースは多々発生する。

部品端部のバリを除去したり、組み合わせる部品間の干渉を防いだりする目的で、図9-1(b)に示すような**面取り**を施す。面取りには、角を45°の角度でまっすぐ削るC面取り［**図9-2**(a)］と、角を丸く削るR面取り［図9-2(b)］がある。面取り加工をすることで、たとえば、**図9-3**のように穴に軸を入れやすくなったり、**図9-4**のように、面と面を完全に接合できるようになる。ここでは、製図におけるC面取り、R面取りの指示方法を説明していく。

［図9-1］バリと除去加工（C面取り）

(a) C面取り　　(b) R面取り

［図9-2］C面取りとR面取り

1 C面取り

面取りの指定には、面取り長さと面取り角度の2つを用いる。角度30°で5 mmの面取りをする場合の図面の記載例を**図9-5**に示す。角度が45°で5 mmの面取りの場合には、**図9-6**のように寸法補助記号Cを使って「C5」と記入してもよい。この角度45°の面取りのことを**C面取り**という。C面取りを指示する場合には、**図9-7**のように記入する。注意すべき点は、加工の際、工具の刃が当たる面に矢印を向ける［図9-7(a)］、面取りの面に直角に矢印をあてる［図9-7(b)］ことである。また、面に矢印を直接入れられないときには、面から補助線を引き出した上に矢印を直角にあてる［図9-7(c)］。なお、寸法補助記号Cで45°面取りが表現できるのは、日本（JIS規格）だけである。国際的な表現（ISO規格）では、5 mmの45°面取りは**図9-8**(a)あるいは(b)のように記述する。

部品の機能として面取りが必要な箇所には、その加工の指示を記載しなくてはならず、サイズも省略してはいけない。ただし、加工後のバリを除去することだけが目的の場合、おおむねC0.2程度の面取りで十分である。したがって、部品のすべての角にC0.2の面取りを指示すれば、加

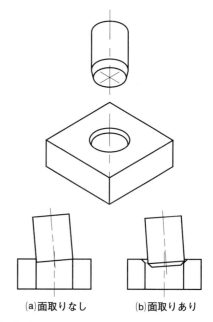

(a) 面取りなし　　(b) 面取りあり

［図9-3］面取りの必要性①

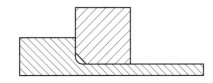

[図9-4] 面取りの必要性②

工後のバリを除去できる。このC0.2程度の面取りを**糸面取り**と呼ぶ。糸面取りを指示したい場合、図面のどこか（おもに下部）に「指示無き角部は糸面取りのこと」と記載する。

また、ねじを入れる際に作業しやすくするため、めねじの上面部分に面取り加工をすることが多い。そのときの面取りの大きさは、**図9-9**のようにピッチの長さと同程度でよい。ひと山分さらうことで、ねじの頭が入りやすくなる。おねじを製作する際も同様に、1ピッチ分ぐらいの面取り加工を指定するのがよい。

2 R面取り

角部を円弧状に加工する面取りを**R面取り**という。

R面取りの指定方法は、基本的に、通常の円弧形状の半径を書き入れる場合（**Chapter 5**）と同じである。図9-10(a)に示すとおり、円弧の中心から円弧上まで寸法線と矢印を引き、半径を表す寸法補助記号Rと半径の値を書く。半径が小さく、寸法線上に寸法数値を書き入れられない場合は、図9-10(b)のように円弧の外側に寸法線を延長させ、その上に寸法数値を記入する。あるいは図9-10(c)のように中心から円弧までの寸法線に対して円弧の外側へ矢印を出して外側へ寸法数値を書き入れてもよい。いずれの場合も、寸法線の片側は円弧の中心に一致させ、端末記号は描かない。

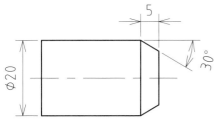

[図9-5] 面取りの製図（30°面取り）

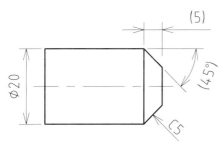

[図9-6] C面取りの指定（下）と意味（上）

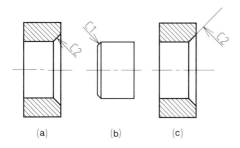

[図9-7] C面取りのサイズ指定法

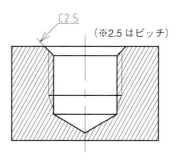

[図9-9] めねじの面取り

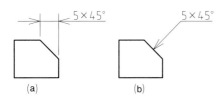

[図9-8] 国際標準（ISO）による45°面取りの指定

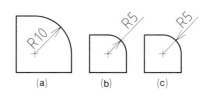

[図9-10] R面取りの描き方

Chapter 10 | 溶接

1 溶接の概要

溶接は、金属を溶かして2つの部品をつなぐ方法である。部品自体を溶かしたり、部品とほぼ同じ金属（溶加材）を溶かして部品の間をつなぐ。部品の一部が溶けて、2つの部品がほぼ連続的に（境界がなく）同じ材料でつながった状態になるため、溶接後の部品は、はじめから一体であったかのような強度が得られる。溶接によってつないだ部分を**溶接継手**という。

部品や溶加材を溶かすための加熱方法はいろいろある。代表的な方法は、アーク放電を起こすアーク溶接、ガスを燃焼させて吹きつけるガス溶接、部品間に電流を流すスポット溶接、レーザーを照射するレーザービーム溶接である。

アーク溶接やガス溶接では、**図10-1**(a)のように部品間にすきまを作って溶加材を流す方法と、図10-1(b)のように溶加材を盛って（すみ肉という）接合する方法がある。図10-1(a)のような、すきまを作るための部品端部の形を**開先**という。開先には**表10-1**のように多くの種類がある。図面では実形を描かなくても、記号を用いて開先の形を指示できる。なお、溶加材を盛る場合は**表10-2**の記号を用いる。

2 基線と矢

溶接部の指定は、**図10-2**のように**基線**と**矢**によっておこなう。補足的指示を書く場合は、図10-2(a)のように尾を用いる（実例は図10-9）。図面上に溶接方法を書き入れる位置は、溶接する線（図10-1灰色部）が奥行き方向になる側面（図10-2(a)）でも、左右や上下方向になる正面（図10-2(b)）でもよい。なお、基線はできるだけ水平に描き、矢は図10-2のように基線と60°の角度をなすようにする。

3 開先の種類と溶接の種類

開先の形状を示すには表10-1右側の記号を用いる。なお、表10-1の水平な破線は基線を示す。これらの記号のうち上下非対称のものは、基線の上に描く場合と下に描く

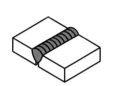
(a) 開先（V型）

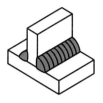
(b) すみ肉

[図10-1] 溶接部の形状（灰色部が溶加材）

[表10-1] 開先の形状と記号（破線は基線を表す）

名称	実形	記号
I型		
V型		
X型		
レ型		
J型		
U型		
レ型フレア		
V型フレア		
K型フレア		
X型フレア		

[表10-2] 溶接の種類（開先のない形状）

名称	実形	記号
すみ肉溶接		
へり溶接		

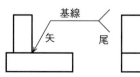
(a) 側面（尾ありの場合）

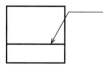
(b) 正面

[図10-2] 溶接部の指定

[図10-3] 基線の下の記号は表側溶接指定

[図10-4] 基線の上の記号は裏側溶接指定

[図10-5] 折れ線による下側開き指定

[図10-6] 折れ線による上側開き指定

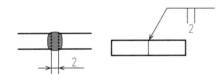

[図10-7] I型開先のルート間隔の記入

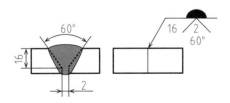

[図10-8] V型開先の深さと角度の記入

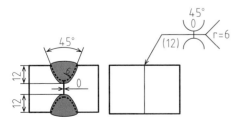

[図10-9] 両面U型(H型)開先のサイズの記入

場合がある。**図10-3**のように矢で示した側の面が開いているものは、基線の下に記号を描く。**図10-4**のように矢と反対側の面が開いているものは、基線の上に記号を描く。

開先の形がレ型のように非対称な場合、その開いている方向を指定するには、**図10-5**、**図10-6**のように矢を折れ線にして示す。折れ線にしない場合には、開く方向はどちらでもよいという意味になる。

4 サイズの記入

記号の周囲には開先のサイズを記入する。たとえば、I型開先の場合は**図10-7**のように2つの部品の間隔、すなわち**ルート間隔**を記入する。V型開先のサイズの記入は**図10-8**のようにする。

どの開先でも、最も狭い部分のサイズであるルート間隔、**開先角度**は記号部に記入する。記号の左側には、深さ方向のサイズ(図10-8では**開先深さ**が16)を記入する。**図10-9**のように深さの数値に( )をつけたものは、**溶接深さ**(溶ける深さ。開先深さより深い)を示す。U型開先の半径など、補足的な数字は図10-9のように基線に尾をつけて記入する。

5 補助記号

溶接部の仕上げ形状を指示するには**表10-3**の補助記号を用いる。たとえば、図10-8にはV型開先の記号の反対側に表10-3の「裏波溶接」の記号がある。これは、溶加材が裏側まではみ出るようにする指定である。

[表10-3] 補助記号

名称	実形	記号
裏波溶接		
平ら溶接		
凸型仕上げ		
凹型仕上げ		

Chapter 11 表題欄と部品欄

1 図面の周辺に描くもの

部品の図面を仕上げるにあたって、中央部に配置する三面図などに付随して、**図11-1**のように表題欄、部品欄、照合番号、輪郭線を描く。これらは比較的自由に、人によっていろいろな様式で描かれることが多い。しかし、JISで必須として定めているものもある［**表11-1参照**］ので、最低限それに従わなければいけない。また、必須ではないが推奨されている描き方があるので、それに従うとよい。なお、会社や学校ごとに標準の描き方を定めていることが多い。

2 表題欄

各図面の右下には、**図11-2**のような**表題欄**を描く。表題欄には、図面番号（図番）、図名、尺度、投影法、企業名や学校名、作成年月日および改訂年月日、設計者の名前や図面作成者、認可責任者などの名前を記載する。表題欄の外枠は太い線、中の罫線は細い線にするとよい。

図面番号は、この図面を特定するためのものである。たんに1番、2番、3番と番号をふるだけではなく、ほかの機械の部品図と区別できるように、機械の番号と部品図の番号を組み合わせるなどするとよい。また、アルファベットと数字を組み合わせるとよい。

図名は、たんに「部品図1」などとせず、機械の名前と部品名を組み合わせた、その図面固有のものがよい。

尺度は必ず記入しなければならない。図面を現物と同じ大きさに描く「現尺」のときは「1：1」と書く。図が現物より小さい「縮尺」、現物より大きい「倍尺」については、**Chapter 0**の表0-1の尺度が推奨されている。

投影法も必ず記入しなければならない。日本ではJISで第三角法と決められている。これを示すため、**図11-3**の記号を描く（**Chapter 1**）。

日付は記載したほうがよい。通常は初めて完成図面となった日、それを修正した日などを書く。最新の修正年月日がわかるとよい。

氏名は、設計の責任者を明らかにするために記載したほ

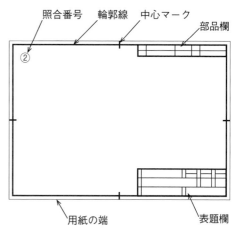

［図11-1］図面の周辺に描くもの

［表11-1］図面に必要なもの

表題欄	
必須	推奨
投影法	氏名
尺度	図名
	図面番号
	日付

部品欄	
必須	推奨
照合番号	工程
材料	
個数	

図面の周囲	
必須	推奨
輪郭線	格子参照
中心マーク	

［図11-2］表題欄の例

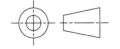

［図11-3］第三角法であることを表す記号

図面の最終版を現物に合わせる

部品を加工し始めてから、なんらかの都合で設計を変更することは好ましくないが、現実にはよくある。さらに、組み立て途中で入らないので削るとか、使用し始めてから不具合が生じて手直しするといったこともある。このとき、現場のみで対応し、もとの図面を変更しないことが多い。ところが、この部品をもう一度製作するとか、この機械に合わせる部品を設計するとなると、現物と図面が異なっているのが問題となる。一度完成した図面も、現物に合わせるよう変更を加えて管理するのが望ましい。

番号	品　名	材　料	個数	備　考
12	足首関節リンク	A5052	4	アルマイト(白色)

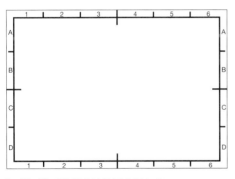

［図11-4］部品欄の例

［図11-5］区域を表す格子参照方式

［図11-6］比較目盛

うがよい。設計者と製図した人が異なる場合、設計者の上司がチェックした場合など、それぞれの役目と氏名を記載するのが望ましい。

3 照合番号

それぞれの部品には、必ず**照合番号**をつける。各部品を区別するとともに、次章に示す組立図において、その部品の位置を示すのに用いる。照合番号をつける順序は、重要な順にしたり、機械の中の位置の順にしたりする。照合番号は図11-1のように、部品図の左上に数字を○で囲んで記入する。

4 部品欄

部品欄には、図では表せていない部品の特性（仕様といってもよい）を記入する。**図11-4**のように照合番号と部品名に続けて、材料、個数を必ず記入し、必要に応じてその他の事項を記入する。加工工程を略号で「キ」（機械）や「バ」（板金）のように指示したり、計算した質量を記入したりすることもある。

部品欄の位置は図11-1のように図面全体の右上、または表題欄のすぐ上とする。

5 輪郭線と中心マーク

図面には必ず、図11-1のように用紙の端から10 mm程度（大きな用紙では20 mm程度）に四角の枠（**輪郭線**）を描く。これにより、図面がこれより外には描かれていないことを示す。輪郭線の太さは0.5 mm以上とする。

輪郭線の各辺の中央には、図11-1のように**中心マーク**を描かなければならない。中心マークは輪郭線の内側約5 mmまで、太さ0.5 mm以上の線で描く。

輪郭線の外側に、**図11-5**のように区域を示す格子を描くとよい。一方の辺に沿ってA, B, C, ……、他方を1, 2, 3, ……とする。これによって図面内のおおよその場所を特定できるようになり、図面を直接指し示せない遠方の相手と打ち合わせをする際に便利である。

また、複写などによって図面が等倍でなくなったときのために、**図11-6**のような**比較目盛**を図面の下部中央につけることもある。なお、同じ目的で、本来の図面サイズを「A3」のように表題欄中に記すこともある。

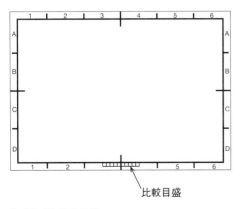

Chapter 12 組立図

1 機械全体の図

1つの機械は通常、複数の部品を組み合わせてできている。その機械全体の形状を表すとともに、各部品の位置を表す図面を**組立図**という。部品図が各部品を製作するための情報を示すものであるのに対して、組立図は機械全体の構造を示すものである。

通常は、1つの機械について1枚の組立図と複数枚（部品の種類の数）の部品図がセットになる。大きな機械の場合には、1枚の組立図ですべてを表すことはむずかしいため、全体の形状を示す概略の組立図1枚と、いくつかの部分に分けた複数の詳細組立図、そして各部品図という構成にすることもある。

組立図には**図12-1**のように、機械全体の三面図、表題欄、部品欄を描く。輪郭線も部品図と同様に描く（**Chapter 11**）。そして、組立図で重要なのは、照合番号を用いて各部品図との対応を示すことである。その詳細は第3節で説明する。

2 組立図の描き方

組立図においても部品図と同様に、図12-1のように三面図によって機械全体の形状を表す。図の尺度は現尺のほか、縮尺や倍尺でもよい。尺度は表題欄に記す。すべての部品を組み付けた機械の完成状態を描き、組み付け前の部品を離して描いたりしない。3面すべてでなくても、2面や1面で全体の構成が明らかな場合には、**図12-2**のように、側面図や平面図を省略することも多い。一方、外形だけの三面図では見えない部品があり、組み付け場所を示せないこともある。その場合には、**図12-3**のような断面図や、**図12-4**のように一部を取り出した図面を描くとよい。

組立図には、**図12-5**のように、全高や全幅のような最も外側のサイズ、主要な軸間距離など、重要なサイズのみを記入する。また、機械が動作すると形状が大きく変わる場合は、**図12-6**のように動作範囲の限界を想像線（二点鎖線）で示すとよい。

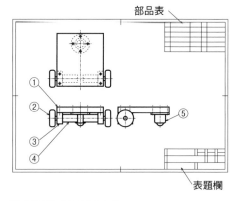

［図12-1］組立図の全体

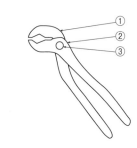

［図12-2］1面のみの組立図

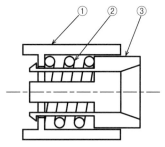

［図12-3］断面を示した組立図

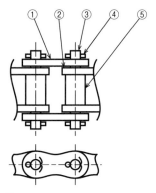

［図12-4］部分的に取り出した組立図

> 既製品のねじを使って組み付ける場合は、ねじの形は省略して、ねじ穴の中心線のみを示すことが多い。

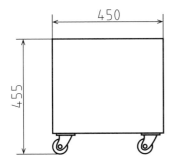

[図12-5] 最大サイズなどの重要なサイズの表示

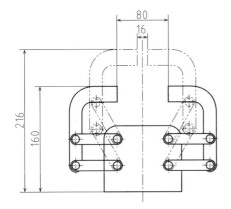

[図12-6] 動作限界の表示

番号	品名	材料	個数	備考
1	車体	A5052	1	
2	車輪	ABS	2	
3	軸支持	A5052	2	
4	モータ		2	RS380+IG32 1/50
5	キャスタ		1	U-8P

[図12-7] 部品表の例

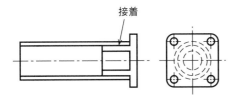

[図12-8] 組み立て方法の指示

3 照合番号と矢印

各部品の位置を表すため、図12-1〜12-4のように部品から少し離れた見やすいところに**照合番号**を丸囲みの数字で書き、そこから矢印で部品を指し示す。矢印の数字側は、その延長線が丸の中心を通るようにする。また、引き出し線と異なり、折れ線でなく1本の直線とする。その角度は、外形線などと区別しやすいように、水平、垂直を避けて斜めにしたほうがよい。

同一照合番号の部品が複数ある場合には、それが図によって明らかであれば、省略して1か所のみ番号を示せばよい。

照合番号をつける順番は、とくに規定はなく、組み立てる順、重要な部品から、組立図上の位置の順などとすることが多い。

歯車、ベアリングなどの既成部品については、部品図は作成せず、第5節に示す部品表に型番やメーカー名を記載して詳細を示すとよい。

4 表題欄

組立図には、部品図と同様に右下に表題欄を描く[図12-1]。表題欄の形式は部品図の場合（**Chapter 11**）と同様でよいが、図名は「○○組立図」のようにするとよい。

5 部品表

部品表は**図12-7**のように、図に示したすべての部品の照合番号、名称、材料、個数、補足事項などを記入する。部品表の位置は図面の右上[図12-1]または右下（表題欄のすぐ上）とする。後者の場合は、設計変更などで部品の種類が増えた場合に行を追加できるように、下から番号順に並べる。なお、部品数が多い場合には、組立図内に部品表を書かず、別に明細表を作成することもある。

6 組立方法の記載

部品を組み付ける方法が、「接着」や「焼きばめ（外側の部品を熱して入れる）」のように、図の形状だけではわからない場合は、**図12-8**のように図面中に注釈として示すとよい。

Chapter 13　サイズ公差

1 サイズの正確さ

図面に示された部品を製作するにあたって、できる限りの正確さで記入した数値どおりに仕上げるというのでは、加工者の能力によって差が出てしまう。また、使用できる最高の機械を使い、時間をかけて少しずつ削るなど、場合によっては無駄な労力と時間がかかり、製作費が高くなってしまう。そこで、サイズの許容範囲を定め、その範囲に収まっていれば合格品とする規則がある。

2 サイズ公差の考え方

サイズ公差の考え方は、サイズに範囲をもたせることである。たとえば図13-1のように、図面に「10」と書いてあるとしよう。この部分のサイズについて、10.00でなければいけないのではなく、9.80から10.20まで許容すると定めて、みなで理解しあうということである。設計者は、その部品が10.00でなく、9.80や10.20のサイズで仕上がっても問題なく使えるように考える。一方、加工者は、製作して納品する部品が9.80〜10.20のサイズの範囲であることを守るようにする。

このように許容範囲を定めて品質管理することを**公差表示方式**と呼ぶ。その許容されるサイズの存在範囲を**サイズ許容区間**、許容されるサイズの上限と下限の差を**サイズ公差**という。上の例では、サイズ公差は0.4である。

3 サイズ公差が必要なとき

サイズ公差は、特に図13-2のように部品を組み合わせるときに必要である。図の部品Aが部品Bに必ず入るようにしないと、組み立てができない。図13-2(a)のようにA、Bともに「100」と記入すると、どちらが大きいか定まらない。そこで、(c)のように許容する範囲を定めればよい。この範囲の指定を(d)のように記入する（この記入法の説明は次節）。このようにAにはマイナス方向の公差域、Bにはプラス方向の公差域を定めれば、この図面を読む人が、Aの100とBの100とが本来同じものであるが、大小関係を定めたいのだな、と設計者の意図をくむことができる。

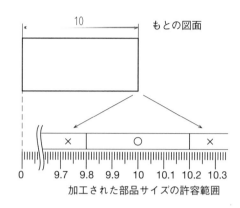

［図13-1］サイズの許容範囲を定める

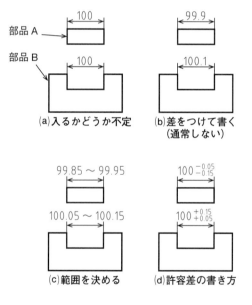

［図13-2］大小関係を確実にする

必ず組み立てられるようにと、図13-2(b)のようにサイズに差をつけて「99.9」と「100.1」などとはしない。「99.9」と記しても加工誤差によって100以上になるかもしれないからである。

Chapter 13 | サイズ公差

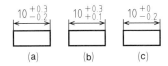

(a)大小両方　(b)プラス　(c)ゼロからマイナス
[図13-3] サイズ公差の個別指定

4 公差の個別指定

図面中の特定のサイズについて、許容できる上限と下限を定めるときは、**図13-3**のようにサイズの値の右に上下2行で示す。左の大きな数字が基準となるサイズ（**図示サイズ**）で、これに右上の数字を足したものが最大値（上の許容サイズ）、右下の数字を足したものが最小値（下の許容サイズ）である。図13-3(a)の場合は最大値が10.3、最小値が9.8である。(b)のように最大値、最小値ともに基準となるサイズより大きい指定も可能である（逆に両方とも小さい指定も可能）。また、(c)のように一方が0でもよい。

5 普通公差

個別に公差を記載しないサイズについて、**普通公差**という標準的な許容範囲がJISで決められている。普通公差には**表13-1**のように等級がある。図面には「指定のない部分は普通公差の中級を適用する」などと記す。

6 サイズの累積誤差

普通公差は、図面にサイズを記載した部分のみに適用し、直接記載していない和や差の値には適用しない。**図13-4**(a)のようにサイズを記入して普通公差中級を適用した場合、それぞれが20±0.2であるから、全体の幅は誤差が累積されて最小で99.0、最大で101.0となり、100に対する普通公差より範囲が広い。100のサイズを正確にしたいときは、(b)のように右端の20（比較的不正確でもよい部分）を削除して全体の幅100を記入したほうがよい。100の値に普通公差を適用して100±0.3となる。

なお、ほかのサイズによって従属的にサイズが定まる部分に記入した参考寸法（**Chapter 4**）には普通公差を適用しない。

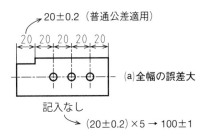

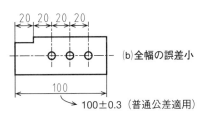

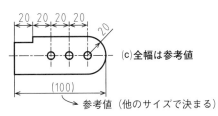

[図13-4] 正確にしたいサイズを直接記入する
足し算・引き算したサイズは誤差が大きくなる

[表13-1] 普通公差

公差等級		基準となるサイズの区分							
記号	説明	0.5以上 3以下	3を超え 6以下	6を超え 30以下	30を超え 120以下	120を超え 400以下	400を超え 1000以下	1000を超え 2000以下	2000を超え 4000以下
		許容差							
f	精級	±0.05	±0.05	±0.1	±0.15	±0.2	±0.3	±0.5	―
m	中級	±0.1	±0.1	±0.2	±0.3	±0.5	±0.8	±1.2	±2
c	粗級	±0.2	±0.3	±0.5	±0.8	±1.2	±2	±3	±4
v	極粗級	―	±0.5	±1	±1.5	±2.5	±4	±6	±8

Chapter 14 軸と穴のはめあい

1 はめあいとは

2つの部品を組み合わせるとき、図14-1(a)のように円筒形の部品Aに、丸い穴がある部品Bをかぶせることがある。ペンの軸とキャップのような関係である。軸の直径に対して穴の直径が大きすぎると、キャップをかぶせてもしっかり組み合わず、ガタガタ動いたり抜けてしまったりする。逆に、軸の直径より穴の直径が小さすぎると、キャップの穴にペンの軸が入らない。このような内と外になる2つの部品の組み合わせの具合を**はめあい**という。

はめあいは、つねにぴったりが最良とは限らない。たとえば、図14-1(b)のように、板状の部品の丸穴に丸軸を挿入する場合、この板の穴を軸受にして軸を回転させるのであれば、若干ゆるいはめあいがよい。一方、この板の穴に軸を入れて固定するならば、きついはめあいが望ましい。このように、設計者が意図したはめあいが実現できるように、図面に指定をする必要がある。

はめあいは、100分の1mm単位のサイズのちがいで変わってくる。したがって、適切なはめあいを実現するためには、通常（普通公差：表13-1など）よりも精度の高いサイズ指定が必要である。本章ではその方法を説明する。

2 すきまばめとしまりばめ

ゆるく入るはめあいを**すきまばめ**、入れるのがきついはめあいを**しまりばめ**という。図14-2(a)と(b)のような関係である。

例として図14-3のように、車体A、車軸B、車輪Cのはめあいを考える。車体Aの穴と車軸Bとのはめあいは、回転自在になるように、すきまばめとする。一方、車軸Bと車輪Cのはめあいは、車輪が車軸から抜けないように、しまりばめにするとよい。このように、軸と穴が動くようにする（回転のほか、スライドさせることもある）ためにはすきまばめにし、固定するためにはしまりばめ[注]にする。

また、組み立て時には小さな力で入るようにしたいが、その後は動かなくてよい場合には、両者の中間的な**中間ばめ**を指定することができる。

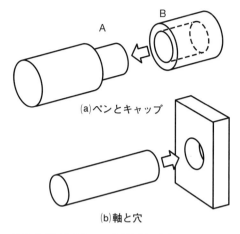

[図14-1] はめあいの必要な組み合わせ
(a)ペンとキャップ
(b)軸と穴

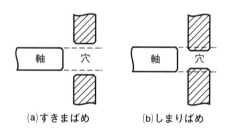

(a)すきまばめ　(b)しまりばめ
[図14-2] はめあいの違い

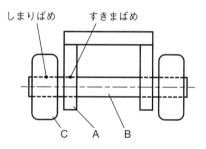

[図14-3]「しまりばめ」と「すきまばめ」の使い方

注）しまりばめは軽い力では入らないので、軸や穴の端部に面取り（Chapter 9）をして機械で圧入したり、穴側を熱して膨張させて入れたりする。（練習問題参照）

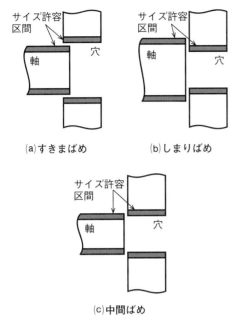

(a)すきまばめ　(b)しまりばめ

(c)中間ばめ

[図14-4] はめあいの種類とサイズ許容区間

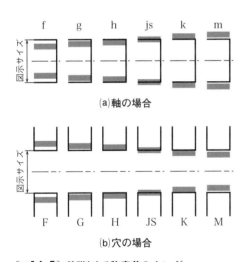

(a)軸の場合

(b)穴の場合

[図14-5] 基礎となる許容差のイメージ

図示サイズからの距離を100倍にしている

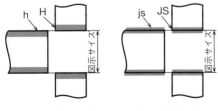

(a)図示サイズに接する　(b)中央が図示サイズ
　　Hとh　　　　　　　　のjsとJS

[図14-6] 図示サイズとサイズ許容区間

3 サイズ許容区間 注）旧名称は公差域

　軸の径も穴の径も、指定したサイズ（**図示サイズ**という。2016年より前は基準寸法と呼ばれていた）にまったく誤差なくつくるのは不可能に近い。そこで、前章で説明したサイズ公差の考え方を導入し、**サイズ許容区間**と呼ぶ許容範囲を設ける。

　すきまばめでは、**図14-4**(a)のように、サイズ許容区間が軸と穴とで重ならないようにする。これによって必ず「すきま」が確保できる。

　しまりばめでは、図14-4(b)のようにサイズ許容区間を定め、必ず軸が穴より大きくなるようにする。軸と穴のサイズの差を「しめしろ」という。

　また、図14-4(c)のようにサイズ許容区間が重なっているものは、中間ばめである。

4 基礎となる許容差 注）旧名称は基礎となる寸法許容差

　サイズ許容区間を指定するには、以下に説明する基礎となる許容差の文字と、次節に示す等級の数字を用いる。

　はめあいのサイズ許容区間の位置（図示サイズに対して太い方向にずれているか、細い方向にずれているか）を指定するには、**基礎となる許容差**を用いる。基礎となる許容差は、**図14-5**のようにアルファベットで示し、軸の場合は小文字、穴には大文字を使う。基礎となる許容差によって、サイズ許容区間の図示サイズに最も近いところまでの距離が決まる。具体的には**表14-1**のようになっている。

　軸の場合は図14-5(a)のように、アルファベットのaに近い側が細く、z側が太い。穴の場合は(b)のようにA側が大きく、Z側が小さい。つまり、どちらもaやA側がすきまが大きくなるサイズ許容区間の位置である。

　記号hおよびHは**図14-6**(a)のように、サイズ許容区間の端が図示サイズと一致する。すなわち、ぴったりまたは細めの軸、ぴったりまたは太めの穴である。

　また、記号jsとJSは図14-6(b)のように、サイズ許容区間の中央が図示サイズと一致する。

5 基本サイズ公差等級 注）旧名称は公差等級

　軸や穴のサイズの精密さは、サイズ許容区間の広さ、つまり上限と下限の差（**サイズ公差**）によって分けられた**基本サイズ公差等級**で示す。表14-2のように、IT（International Tolerance）の数字が小さいほどサイズ公差が狭い、つまり精度の高い等級である。**図14-7**は、軸直径に対するサイズ公差を100倍に拡大したイメージである。一般に、ベアリングや精密な軸はIT6程度、フライス加工で開ける穴や旋盤で仕上げる軸はIT8程度とする。

表14-1と14-2を合わせて用いれば、サイズ許容区間を求められる。サイズ許容区間の図示サイズに最も近いところまでの距離が表14-1で、ここから表14-2のサイズだけの範囲がサイズ許容区間となる。具体例として**表14-3**と**14-4**に直径30 mmの場合を示す。図のように等級が変わっても、上限と下限の位置が基礎となる許容差ごとにそろっている（軸のkおよび穴のK, M, Nは若干異なる）。

6 はめあいの指定方法

図面中の直径に対してはめあいを指定するには、**図14-8**のように、サイズの数値の後に、基礎となる許容差のアルファベットと基本サイズ公差等級の数字を続けて書く（合わせて**公差クラス**と呼ぶ）。アルファベットは、軸には小文字、穴には大文字を使うことに注意したい。また**図14-9**のように、穴あけ指定部分にはめあいを記入することもできる。

たとえば、図14-8(a)のように「φ30g7」と書いた軸の直径は、表14-3より29.972～29.993 mmである。図14-8(a)のように「φ30H8」と書いた穴の直径は、表14-4より30.000～30.033 mmである。この軸と穴を組み合わせる場合、少なくとも（軸が最大で穴が最小でも）0.007 mmのすきまが確保される。なお、この場合のすきまの最大値は（軸が最小で穴が最大の場合）0.061 mmとなる。すきまが過大になるのを防ぐためには、軸と穴それぞれの精度を高くしたいが、加工のしかたの違いのために、一般的に軸のほうが精度を高めやすい。そのため、この例のように、軸のほうを精度の高い等級とすることが多い。

なお、精度の高いはめあい指定をした部分は、表面に凹凸があると、直径の精度が高くても挿入時にひっかかりが生じる。そのため、表面粗さ（**Chapter 8**）も小さくなるよう配慮しなければならない。また、軸や穴が真円であること、軸線が直線であることなども必要である（**Chapter 15**）。

7 穴基準と軸基準

軸のサイズ許容区間と穴のサイズ許容区間は、別々に指

[表14-1] 基礎となる許容差と図示サイズから最も近い位置までの距離 [μm]

直径		基礎となる許容差							
超え	以下	f / F	g / G	h / H	js / JS	k* / K*	m / M*	n / N*	p / P
	3	−6	−2	0	サイズ許容区間が上下対称になる	0	+2	+4	+6
3	6	−10	−4	0		0	+4	+8	+12
6	10	−13	−5	0		0	+6	+10	+15
10	18	−16	−6	0		0	+7	+12	+18
18	30	−20	−7	0		0	+8	+15	+22
30	50	−25	−9	0		0	+9	+17	+26
50	80	−30	−10	0		0	+11	+20	+32
80	120	−36	−12	0		0	+13	+23	+37
位置	穴	↑↓	↑↓	↓	↕	↓	↓	↓	↓
	軸	↓	↓	↓	↕	↑	↑	↑	↑

*等級により補正値あり

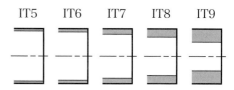

[図14-7] 基本サイズ公差等級のイメージ（軸の場合）
サイズ公差を100倍に拡大したもの

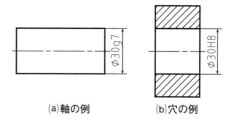

(a) 軸の例　　　(b) 穴の例

[図14-8] はめあい指示の書き方1

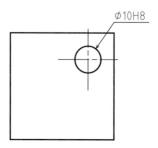

[図14-9] はめあい指示の書き方2

> **よくあるまちがい**
> ねじの通り穴にはめあい指定をするのはまちがい。通り穴はM4のねじに対して「φ4.5」のように、ねじ径より大きめの直径を書き、はめあい指定はしない。

[表14-2] 基本サイズ公差等級

サイズD [mm]		基本サイズ [μm]				
を越え	以下	IT5	IT6	IT7	IT8	IT9
—	3	4	6	10	14	25
3	6	5	8	12	18	30
6	10	6	9	15	22	36
10	18	8	11	18	27	43
18	30	9	13	21	33	52
30	50	11	16	25	39	62
50	80	13	19	30	46	74
80	120	15	22	35	54	87

> **φ5H8やφ6F8の穴はどうやってつくる?**
> サイズ許容区間は5.000〜5.018である。写真上の5.010 mm(+0〜+0.005)のリーマで仕上げる。また、φ6ならば、写真下の5.95〜6.35 mmのアジャスタブルリーマが使える。

定することができる。しかし、はめあいを決めるのは2つの区間の相対的な位置関係、つまり図14-4のような区間の重なり具合だけである。そのため、両方の区間を調整してもあまり意味がない(変えるのは一方でよい)。

一般に、穴の加工工程よりも軸の加工工程のほうが、直径を調整するのが容易である。そのため、穴の公差をHに固定し、軸の公差をf〜pのように変化させることが多い。これを**穴基準のはめあい**という。状況(既成の軸に穴を合わせるなど)によっては、軸の公差をhに固定して、穴の公差を調整する**軸基準のはめあい**を採用することもある。

8 よく使うはめあい

はめあい指定の組み合わせは多数あるが、よく使うのは、以下のようなものである。

> すきまばめ:g6とH7 (精度が高め)
>   f8とH8 (精度が低め)
> 中間ばめ :m6とH7 (軽圧入による位置決め)
> しまりばめ:p6とH7 (かたい結合)

とくに具体的な使用部品や工作条件が未定の場合は、暫定的に上記の組み合わせを書いておくとよい。記入した部分がはめあいの精度が必要なところであることがわかり、すきまばめか、しまりばめかという設計の意図を示すことができる。また、単独の部品で組み合わせ相手が未定だが、はめあいを指定すべきサイズの場合、軸はh7、穴はH8などを記入しておくとよい。

[表14-3] 軸のサイズ許容区間(基準直径30 mmの場合)

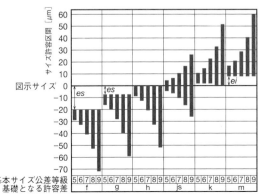

es:上の許容差
ei:下の許容差 (kは等級により異なる)

[表14-4] 穴のサイズ許容区間(基準直径30 mmの場合)

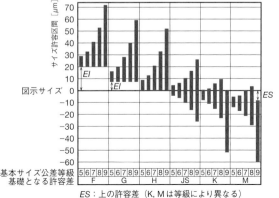

ES:上の許容差 (K, Mは等級により異なる)
EI:下の許容差

Chapter 15 幾何公差① ── 概要

1 幾何公差とは

機械製図では、図面上に記した長さや直径などのサイズに対して、普通公差（**Chapter 13**）あるいは個別に書き入れた許容範囲がある。しかし、個別のサイズの許容範囲を定めるだけでは、期待どおりの部品を製作してもらうためには不足である場合が多い。

たとえば、**図15-1**(a)のように円筒の直径の許容範囲を「0.01 mm」と記入したとしよう。できあがった部品の直径がどの位置で測っても許容範囲に入っていれば、図面に適合した合格品である。しかし、直径が正確でも、その円筒は図15-1(b)のように全体が曲がった形状かもしれない。おそらくこれでは使えないであろう。そうならないように、円筒全体がまっすぐにできていることを指示する必要がある。その指示方法は、真のまっすぐな円筒とどれほど違うものまで許容できるかを数値で示すことである。**図15-2**(a)のように四角枠で囲って示す。これは図15-2(b)のように円筒の表面が0.1 mm離れた2直線の間に収まるように加工せよという意味である。

このように1か所のサイズだけでなく、形状などを指定するのが**幾何公差**である。

2 幾何公差の種類

幾何公差には、形状、姿勢、位置、振れの公差がある。それぞれの公差の詳細は**Chapter 16**に示す。

形状の公差とは、線や面の形状がどれだけ正確かを示すものである。**図15-3**(a)のように直線がまっすぐか（**真直度**）、(b)のように平面が平らか（**平面度**）、(c)のように円が真円に近いか（**真円度**）などである。

姿勢の公差とは、**図15-4**(a)のように2つの直線が平行であること（**平行度**）、(b)のように2つの線の角度が直角であること（**直角度**）などである。

位置の公差とは、ある点がどれほど指定の場所からずれているか（**位置度**）の許容範囲である。縦と横それぞれの許容範囲ではなく、**図15-5**(a)のように許容範囲を円として定め、目的の点がその内部に入るよう指示する。(b)の

(a)図面の直径指示

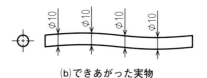

(b)できあがった実物

［図15-1］直径は正確だが曲がった円筒

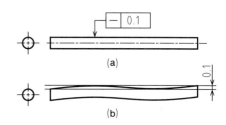

［図15-2］直線である度合いを指定する幾何公差

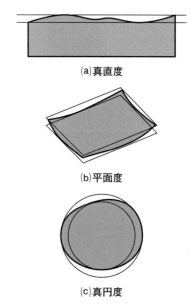

(a)真直度

(b)平面度

(c)真円度

［図15-3］形状の幾何公差の代表例

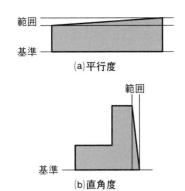

[図15-4] 姿勢の幾何公差の代表例

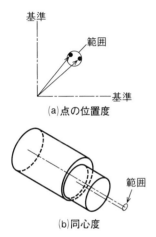

[図15-5] 位置の幾何公差の代表例

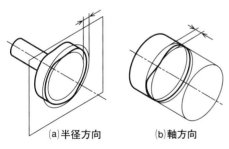

[図15-6] 円周振れの代表例

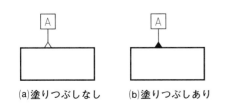

[図15-7] データムの指示（どちらでもよい）

ように、2つの円の中心がどれだけずれているか（**同心度**）についても、許容範囲を円で示す。

振れの公差とは、**図15-6**のように回転体を回したとき、その表面が径方向や軸方向にふくらんだり引っ込んだりする量（**円周振れ**）の許容範囲である。

3 データム

許容範囲を考えるときの基準とするため、正確な位置と形状をもつ理想的な点、線、面などを想定し、それを**データム**と呼ぶ。

真直度や平面度のように単独の形状については、データムの指示はしない。指示する部分の理想的な形状（真の直線や平面）が基準そのものだからである。一方、平行度や直角度など、2つのものの相対関係を指示する幾何公差では、一方をデータムとして指定し、もう一方に公差を指示する。このとき、データムの指定は**図15-7**のようにし、A, B, Cなどの大文字のアルファベットをつける。

データムとする線や面は、部品の表面でなく円筒の中心軸や対称物体の中心線でもよい。中心軸をデータムとする指示は、**図15-8**(a)(b)のように円筒の直径を示す寸法線の延長線上に記入する。つまり、この指示は図15-8(c)の意味になる。しかし、図15-8(d)のように中心軸の一点鎖線に直接データム記号をつけてはいけない。図面上では1本の中心軸であっても、右と左の円筒の中心軸が図15-5(b)のようにずれている可能性があるから、どの円筒の中心軸であるかを明らかに示さなければいけない。

一方、中心軸ではなく部品の表面をデータムとするときは、**図15-9**(a)(b)(c)のように、その面につける寸法線の位置からずらして記入する。図15-9(d)のように記入すると、左右の中心がデータムとなってしまう。

1つの幾何公差に複数のデータムを指定することもある。くわしくは**Chapter 16**の7節で具体例を示して説明する。

なお、実在する部品を計測するときは、その形状自身からデータムを想定する必要がある。たとえば、データムが部品の底面であるとき、その実際の底面には凹凸があるかもしれないので、実際の底面にもとづく正確な平面をデータムとするのである。実際の測定は、部品を平面度の高い定盤に置いておこなう。このときの定盤の面を**実用データム形体**と呼ぶ。

4 幾何公差の指示方法の原則

幾何公差は、**図15-10**のような公差記入枠を使って書き入れる。左から順に公差の種類を示す記号、公差の値、そしてデータムがある場合はデータムを指示する文字を入れる。公差の記号は**表15-1**のように決まっている。

公差記入枠は公差を指定する部分に対して、**図15-11**(a)のように矢印つきの細い実線でむすぶ。表面でなく中心軸線に公差を指示するときは、図15-11(b)のようにする。

また、位置の幾何公差の指示に用いる理論的に正確な位置は、**図15-12**のように四角枠で囲んで書き入れる。この例では、寸法数値8と10が相関のある図15-5(a)のような許容範囲をもつことを示し、単独の値の公差（普通公差など）を適用する長さの数字と区別している。

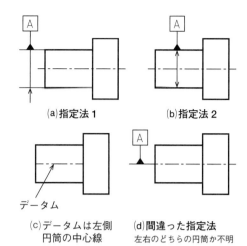

[図15-8] データムが軸や中心のときは寸法線の延長上に記入する

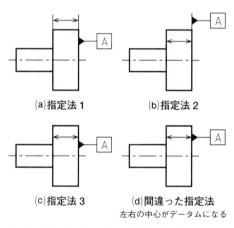

[図15-9] データムが表面のときは寸法線と離す

[表15-1] 幾何公差の種類と記号

公差の種類	特性	記号	データム
形状公差	真直度	―	否
	平面度	▱	否
	真円度	○	否
	円筒度	⌭	否
	線の輪郭度	⌒	否
	面の輪郭度	⌓	否
姿勢公差	平行度	∥	要
	直角度	⊥	要
	傾斜度	∠	要
	線の輪郭度	⌒	要
	面の輪郭度	⌓	要
位置公差	位置度	⌖	要・否
	同心度（中心に点に対して）	◎	要
	同軸度（軸線に対して）	◎	要
	対称度	⌯	要
	線の輪郭度	⌒	要
	面の輪郭度	⌓	要
振れ公差	円周振れ	↗	要
	全振れ	⌰	要

[図15-10] 公差記入枠の書き方

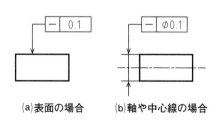

[図15-11] 公差記入枠と指示線の書き方

5 普通幾何公差

幾何公差がとくに指定されていない場合にも満たすべき精度として、**普通幾何公差**が定められている。単独の寸

[表15-2] 真直度および平面度の普通公差 [mm]

公差等級	呼び長さの区分					
	10以下	10を超え30以下	30を超え100以下	100を超え300以下	300を超え1000以下	1000を超え3000以下
H	0.02	0.05	0.1	0.2	0.3	0.4
K	0.05	0.1	0.2	0.4	0.6	0.8
L	0.1	0.2	0.4	0.8	1.2	1.6

[表15-3] 直角度の普通公差 [mm]

公差等級	短い方の辺の呼び長さの区分			
	100以下	100を超え300以下	300を超え1000以下	1000を超え3000以下
H	0.2	0.3	0.4	0.5
K	0.4	0.6	0.8	1
L	0.6	1	1.5	2

法に対する普通公差と同様である。**表15-2、15-3**にその値を示す。図面中にはサイズ公差と合わせて、

　普通公差 JIS B0419 -mH

のように記入する。これは、普通幾何公差のJIS規格番号（B0419）、普通公差の記号（m）（表13-1参照）、普通幾何公差の記号（H）をならべたものである。

6 最大実体公差方式

　幾何公差の許容値は、ほかの部分のサイズに依存する場合が多い。たとえば**図15-13**のような部品の組み合わせを考えよう。穴に軸が入るように、軸径のサイズ公差、軸の直角度（右側の太い部分の左面に対して）の幾何公差を指定する。このとき、実際の部品が(a)のように軸の直径が太めの場合は、直角度が高くないと入らない。一方、(b)のように軸が細めならば、直角度が低くても入る。このように実際に組み付けられれば問題ないということで、総合的に判断し、単独で指示した値より大きなずれも許容することを**最大実体公差方式**という。

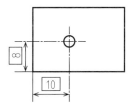

[図15-12] 理論的に正確な位置の記入
幾何公差指定を別途記入する

　この方式を採用する場合、**図15-14**のように幾何公差の許容値の後にⓂをつける。実際の製品チェックは、軸の角度を測ることなく、穴の開いたゲージ（穴の最小値で作られたチェック用の基準の器具）に差し込めば合格とする。

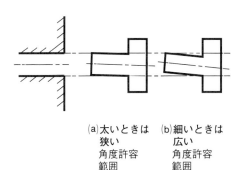

(a) 太いときは狭い角度許容範囲　(b) 細いときは広い角度許容範囲

[図15-13] 最大実体公差方式の例

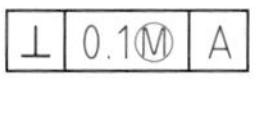

[図15-14] 最大実体公差方式の指定はⓂをつける

Chapter 16　幾何公差② ── 各種の指示方法

本章では、幾何公差の種類ごとに意味と指示方法を説明する。それぞれ具体的な形状がイメージできるように例をあげた。なお、ここでは代表的な幾何公差のみを扱っている。ここにない種類の幾何公差については、より専門的な書物を参照してほしい。

1 真直度

真直度とは、線がどのくらい正確に直線であるかを数字で表すものである。正確な直線でない線というと、全体がゆるやかに曲がった線、波のようなうねりのある線などが考えられる。真直度を表す方法としては、これらのさまざまな線を統一的に扱えることが望ましい。そこで、2つの正確な直線を狭い間隔をあけて平行に置き、そのあいだに入る線、という指定をする。

平らな部分について真直度を記入する際には、**図16-1**(a)のように書く。この例では真直度は0.1である。この面上の線は、図16-1(b)のようにうねりがあるかもしれないが、0.1 mm間隔の平行な2本の直線のあいだにおさまる、という意味である。より詳細に書くと、対象とする面を図16-1(b)のように(a)の図の平面で切断して考える。その切断は1か所だけでなく、(a)の図の奥行き方向に移動させておこなわなければならない。つまり、対象面全体について、0.1 mm間隔の2直線間におさめるということである。ただし、切断面によって2直線が上下に移動してもよい。

円筒の表面について真直度を指定するには、**図16-2**(a)のように書く。矢印で指した円筒表面の線は、図16-2(b)のように0.1 mm間隔の2つの平行平面のあいだにある、という意味である。

一方、表面ではなく円筒の軸線（中心軸）の真直度は、**図16-3**(a)のように指定する。図16-2(a)との違いは、直径を示す矢印があることと、数字にφがついていることである。この指定は、図16-3(b)のように、軸線が直径0.1 mmの円筒内にあることを示す。

2 平面度

平面度とは、面がどれほど正確な平面であるかを表す度

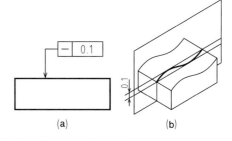

[図16-1] 平面上の真直度

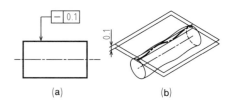

[図16-2] 円筒表面の真直度

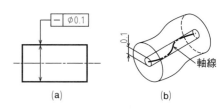

[図16-3] 軸線の真直度

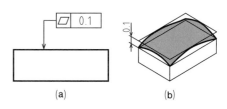

[図16-4] 平面度

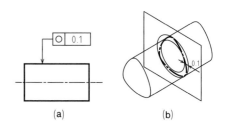

[図16-5] 真円度

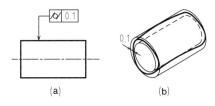

[図16-6] 円筒度

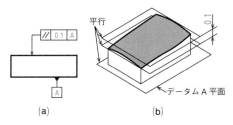

[図16-7] 平行度

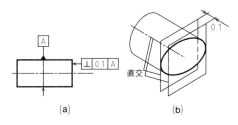

[図16-8] 軸線をデータムとした面の直角度

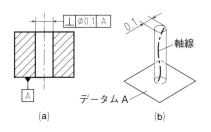

[図16-9] 面をデータムとした軸線の直角度

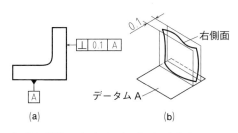

[図16-10] 面をデータムとした面の直角度

合いである。図16-4(a)の指示は、この面が(b)のように間隔0.1 mmの平行な2平面のあいだにある、という意味になる。

> このほか、平面度の数値指定に加えて、「中高を許さず」などと記入することもある。中央付近が周辺部よりも高くなることを許可しないという意味で、どちらかというと中央は凹んでいるほうがよいということである。中央が凸になっていると、上に平らなものを乗せたときにグラグラするので、これを防ぐための指示である。

3 真円度

真円度とは、対象とする円（円に近い閉じた線）がどのくらい真円に近いかを示す幾何公差である。図16-5(a)のように指定する。指示した円筒の断面の輪郭線が図16-5(b)のように、同軸で半径差0.1 mmの2つの真円のあいだに入る、という意味になる。

4 円筒度

円筒度は、円筒全体がどのくらい真円に近く、かつ曲がりのないものであるかを示す幾何公差である。図16-6(a)のように円筒度を指定した円筒外面は、(b)のように同軸で半径差が0.1 mmの2つの正確な円筒のあいだになくてはいけない。

上記の真円度との違いは、真円度が各断面ごとに見ているのに対し、円筒度は全体を一度に見ることである。つまり、図16-5(b)の半径差0.1 mmの2つの円は、図の手前の方と奥の方とで半径が違っていてもよい。しかし、図16-6(b)は手前から奥まで同じ円筒でなければならない。

5 平行度

平行度とは、対象とする面が基準平面とどれほど正確に平行であるかを示す幾何公差である。図16-7(a)のように、基準となる平面をデータムAとし、矢印の先の対象面がAに0.1 mmの精度で平行であることを指示する。これは図16-7(b)のように、間隔が0.1 mmでデータムAに平行な2つの平面のあいだに対象面がある、という意味である。

6 直角度

直角度は、面に対しても線に対しても指定可能な幾何公差である。すなわち、面や線がデータムに対して、どれだけ正確に直角であるかを示す。

前者はたとえば**図16-8**(a)のように指示する。この図形は円筒で、データムAはその軸線である。これに対して右側面の直角度を0.1と指示している。この面は図16-8(b)のように、軸線と垂直な間隔0.1 mmの2平面のあいだになければいけない。

後者の例は**図16-9**である。(a)のように下の平面をデータムとし、穴の軸線の直角度を指定する。軸線は、下の平面の法線（どこから見ても面に直角な線）方向の直径0.1 mmの円筒内になければいけない。

このほか、図に示した方向から見て直角である、という指定もある。**図16-10**(a)の指示は、(b)のように、右側面がデータムAに垂直で図の奥行き方向にのびた2つの平行な平面内にある、という意味である。

7 位置度

位置度とは、縦横の位置がどれほど正確であるかを示す幾何公差である。縦と横の誤差は別々ではなく、相互に関係している。**図16-11**の例は、穴の軸線の位置度を指定している（穴の直径部分に対して指示をしているので、穴の輪郭ではなく軸線に対する位置度である）。四角枠内の数字10と12が目標とする正確な位置を示している。また、データムはC, A, Bの順で指定している。この場合、図16-11(b)のように、正確な位置を中心として立てた直径0.1 mmの円筒内に、穴の軸線が入らなければならない。この円筒の軸線の方向は、第1のデータムである平面Cに垂直で、位置は第2、第3のデータム、すなわち平面AとBを基準にする。

このように、穴の軸線の許容範囲を縦横それぞれ±0.1 mmなどとせず、軸線が円筒内におさまるように指定するのには理由がある。**図16-12**のように、穴の開いた2つの部品A, Bがあり、ねじなどを通して結合するとき、各部品の穴の位置に誤差があっても、ねじが貫通できるようにするためである。例として、**図16-13**(a)のように、ねじが貫通できる最大の穴ずれが0.1 mmである場合を考えよ

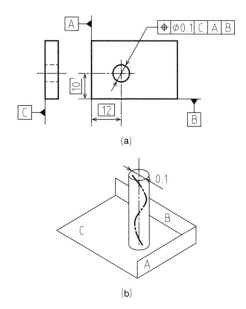

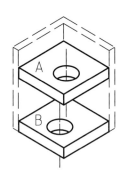

[図16-11] 位置度

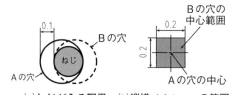

[図16-12] 共通穴のずれ

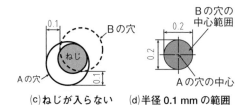

(a) ねじが入る限界　(b) 縦横 ±0.1 mm の範囲

(c) ねじが入らない　(d) 半径 0.1 mm の範囲

[図16-13] 共通穴の位置度

Chapter 16 | 幾何公差② ── 各種の指示方法

う。(b)のように、縦横それぞれ0.1 mmの許容範囲とすると、(c)のように縦横ともに0.1 mmずれている場合には、軸線は45°方向に0.14 mmずれるため、ねじを通すことができない。穴ずれの距離を0.1 mm以内にするための許容範囲は、図16-13(d)のような半径0.1 mm（直径0.2 mm）の円の内部となる。これは図16-13(b)よりも狭い範囲である。そのため、許される範囲を円で示す。

8 同心度

同心度とは、2つの円の軸線がどれだけ一致しているかを示す幾何公差である。立体の場合には、2つの円筒軸線の一致度合いである。**図16-14**(a)は、太い円筒の軸線をデータムとして、細い円筒の軸線の同心度を指示した例である。これは、図16-14(b)のように、細い円筒の軸線が、データムの軸線を中心とした直径0.1 mmの円筒内にある、という意味になる。

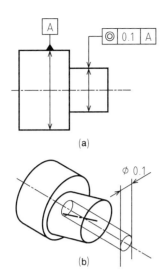

[図16-14] 軸線の同心度

9 振れ

回転軸などの部品を回したとき、**図16-15**のように外周面が揺動する（振れる）かたちは好ましくない。振れの幾何公差を指定することで、これを回避できる。

たとえば**図16-16**(a)のように、両端の円筒の軸線をデータム[注]として、中央部の円筒の側面の振れを指定する。この許容範囲を円周方向の**全振れ公差**と呼ぶ。この円筒側面は図16-16(b)のように、データムの軸線を中心とする半径差0.1 mmの2つの円筒のあいだになくてはならない。

なお、これとは別に、軸に垂直な平面で切った断面ごと考える、**円周振れ**という幾何公差もある。また、円筒の端面のように、軸線に垂直であるべき面について、回転させたときの振れを定める幾何公差（**軸方向の全振れ公差**）もある。

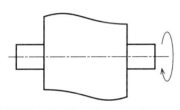

[図16-15] 回すと側面が振れるかたち

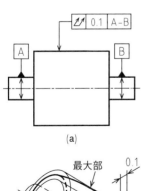

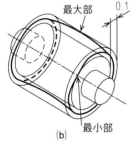

[図16-16] 円周方向の全振れ公差

> 注）2つの形体によって1つのデータムが設定されるので、データム指定の枠内にA-Bと書く。

Chapter 17 立体図

1 立体図とは

立体図とは、対象部品を立体的に表現する図面であり、テクニカルイラストレーションとも呼ばれる。立体図は2次元的な三面図にくらべて、部品形状を直感的に把握しやすい。そのため、製品の使用方法を説明する図や、構成を説明する分解図［**図17-1**］などは、よく立体図で描かれる。

立体的な図という共通点から、立体図はスケッチと混同されやすいが、両者は遠近感の表現の有無で区別できる。スケッチは通常、遠近感を表現し、ある視点からの対象部品の見え方を正確に再現する。一方、立体図は遠近感を排した表現なので、実際の見た目を正確に再現できないが、比較的簡単に描ける。

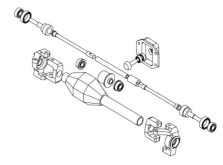

［**図17-1**］分解図

2 立体図と投影法① ── 概論

立体図は、**Chapter 1**で学んだ三面図と同様に投影法に従って描くが、まったく同じ投影法を適用するわけではない。また、立体図を描くための投影法にはさまざまな種類がある。どの投影法で描くかによって、立体図は分類される。

三面図を描く際に用いる投影法は、**正投影法**である。正投影法では、立体の代表的な面をそれぞれ投影面に正対させる。つまり、**図17-2**のように各方向からの投影図を別々の図として描く。

これに対して立体図は、正面、上面、右側面の3面を同一図面に描く。**図17-3**のように、正面を投影面に正対させ、ある角度をつけて奥行き方向を投影する方法を**斜投影法**と呼ぶ。また、投影面に対する立体の向きを基準とする投影法は、**軸測投影法**に分類される［図17-4〜17-6］。

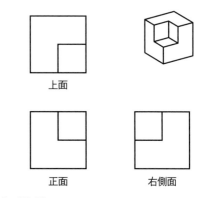

［**図17-2**］三面図

3 立体図と投影法② ── 各論

立体図の各種投影法について、くわしくみていこう。また、投影法の違いによる立体図の分類も覚えてほしい。

3.1 斜投影法とキャビネット図

斜投影法は、立体図を簡単に描ける方法である。斜投影法によって描かれる立体図は奥行き方向の表現方法でいく

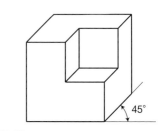

［**図17-3**］キャビネット図

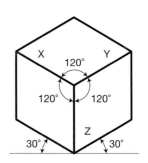

［**図17-4**］等角図

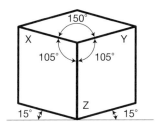

[図17-5] 二等角投影図

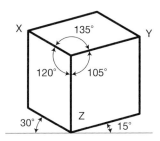

[図17-6] 不等角投影図

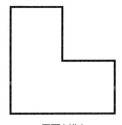

正面を描く

[図17-7] キャビネット図の描き方①

補助線を追加

[図17-8] キャビネット図の描き方②

つかに分類されるが、最もよく用いられるのは**キャビネット図**である［図17-3］。斜投影法では、立体の正面のみを投影面に正対させ、実際のサイズで図示する。したがって、キャビネット図の正面は、部品の形をそのまま描く。また、キャビネット図では、奥行き方向の形状（上面と右側面）を正面に対して45°傾けて、その方向に沿って実際の長さの半分で表現する。

3.2 ｜ 軸測投影法と等角図、二等角図、不等角図

斜投影法は特定の面を基準にする投影法であったが、軸を基準にする軸測投影法もある。ここでの軸とは、実空間においてたがいに直交する3つの方向（奥行き、幅、高さ）を定義するものである。本書では、X軸を奥行き、Y軸を幅、Z軸を高さ方向とする。軸測投影法は、基準となる軸どうしのなす角度の関係によって、細かく分類される。

X、Y、Zの3軸を紙面上でたがいに120°の角度で交わらせる軸測投影法を、**等角投影法**と呼ぶ。この方法による投影図［**図17-4**］は、縮尺によって**等角図**と**等角投影図（アイソメトリック図）**に分けられる（この分類については、後述）。

3軸のなす3つの角のうち2角を等しくする軸測投影法を**二等角投影法**と呼ぶ。この方法による立体図を**二等角投影図**（ダイメトリック図）という［**図17-5**］。

3軸のなす3つの角がすべて等しくならない軸測投影法は不等角投影法である。この方法による立体図を**不等角投影図**（トリメトリック図）と呼ぶ［**図17-6**］。

これらの投影法では、各軸方向の長さを実際よりも縮めて図示することがあり、この縮尺の比率を**縮み率**と呼ぶ。等角投影法では、縮み率は3軸ともに等しく、とくに縮み率が1の図を等角図、0.82の図をアイソメトリック図とする。さらに、二等角投影法や不等角投影法では、軸どうしのなす角度によって各軸の縮み率は異なる。

4 立体図の描き方

前節で紹介した立体図のなかから、キャビネット図・等角図・アイソメトリック図の描き方を簡単に解説する。

4.1 ｜ キャビネット図の描き方

キャビネット図を描く際には、まず正確に表現したい面

を正面とし、次に上面と右側面を決定する。また、描く順番も正面を最優先とし、その後、奥行き方向の形状を描く。各面の描き方は以下のとおりである。

(1) **正面を描く**：正投影法と同様に、正面の形状を実寸で描く［**図17-7**］。
(2) **奥行き方向の補助線を引く**：上面と側面を描く際の基準として、正面の各頂点から奥行き方向を定義する補助線を引く［**図17-8**］。この補助線は、3.1項で述べたとおり、正面に対して45°の傾きをつけて描く。
(3) **上面と右側面を描く**：正面と平行な方向は実寸、補助線に沿った奥行き方向のみ長さが半分となるように、部品の上面と側面を構成する頂点の場所に印をつける。最後に頂点間を結ぶ線を引いて、上面と右側面を描く［**図17-9**］。

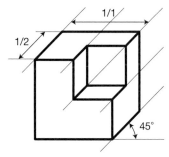

［**図17-9**］キャビネットの描き方③

4.2 │ 等角図とアイソメトリック図の描き方

等角図とアイソメトリック図は、描き方に共通点が多い。異なるのは縮み率の有無のみである。

(1) **基準となる軸線を引く**：X・Y・Zの3軸を120°等配となるように引き、作図の基準とする［**図17-10**］。
(2) **軸線に平行な補助線を追加する**：基準となる3軸と平行な補助線を追加する［**図17-11**］。この際に各軸上での部品のサイズを考慮して、補助線が格子状になるように配置するとよい。
(3) **正面、上面、右側面を描く**：補助線を用いて各面の作図をおこなう［**図17-12**］。

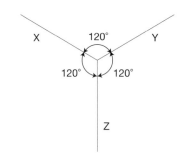

［**図17-10**］等角図の描き方①

5 等角図とアイソメトリック図

等角投影法で描かれた等角図とアイソメトリック図について、それぞれの特徴と両者の違いを考えてみよう。

5.1 │ 等角図の特徴

等角図は、各軸と平行な稜線のサイズが実寸となるように作図するので（縮み率が1）、実際よりも大きく表現されてしまう。**図17-13**(a)は立方体の等角図であるが、この図の状態を3次元空間内での立体として考えてみよう。

水平の視線で立方体を見て等角図の見え方を再現しようとすると、手前に傾けて、上の面を自分に向ける必要がある。どれだけ傾ければよいかは数学的に求められ、立方体

［**図17-11**］等角図の描き方②

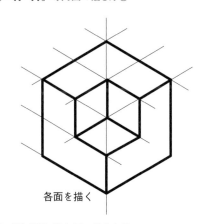

［**図17-12**］等角図の描き方③

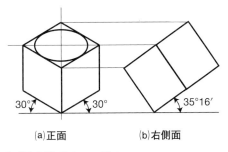

[図17-13] 等角図の側面

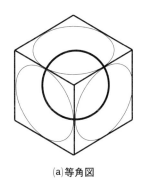

(a)等角図

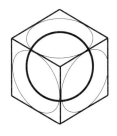

(b)アイソメトリック図

[図17-14] 立方体と内接する球体

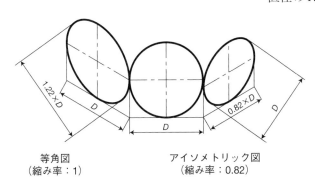

[図17-15] 縮み率と楕円の長軸の長さ

の底面が水平面と35°16′の角度をなせばよい［図17-13(b)］。

さらに、立方体の上面に円が描かれている場合を考えよう。この立方体の等角図では、上面の円は楕円として描かれる。この楕円は、等角図を作図する際によく登場するので、手描きする場合は、市販されている35°16′の楕円定規を使用して作図するとよい。

5.2 | アイソメトリック図の縮み率の意味

縮み率が0.82のアイソメトリック図は、縮み率が1の等角図よりも実際の見た目の大きさに近い立体を表現できる。ここで、この縮み率の違いがもつ意味を考えてみよう。

図17-14(a)は、立方体の等角図と、立方体の1辺の長さと等しい直径の球体を重ねて描いたものである。また、立方体の各面には内接する円（楕円）が描かれている。球体はどの方向から見ても円であり、各投影法においても円として描かれる。球体の直径、立方体の各辺の長さ、各面へ投影された円の直径は本来は等しいが、等角図上では円の直径（楕円の長軸）が球体の直径より大きく描かれてしまう。これは、等角投影法では、立方体の対角方向が実際よりも大きく描かれるためである。実際には、各面に内接する楕円の長軸は円の直径の1.22倍となる。図を実寸に近い値で表すためには、各軸の縮み率を0.82にしなければならない［図17-14(b)］。これがアイソメトリック図の縮み率の意味である。

5.3 | 等角図とアイソメトリック図の違い

図17-15の中央は、直径Dの円盤を正面から見た図である。左は等角図で表した円盤であり、楕円の長軸は円の直径の1.22倍となる。右はアイソメトリック図で表した円盤であり、楕円の長軸をDとするために、円の直径は0.82倍に縮小されている。等角図とアイソメトリック図にはこのような関連性がある。

アイソメトリック図を手描きする場合、アイソメトリック方眼紙を活用するとよい。実際の0.8倍の大きさに目盛りがふられた斜線が、たがいに120°の角度で交わる方眼紙が市販されている。

Part 1 練習問題

問1-1 三面図の描き方〈外形線〉

　図Ⅰ-1(a)〜(d)の立体図で示す部品の三面図（正面図・平面図・右側面図）を第三角法に従ってそれぞれ描け。すべて50 mm角の立方体から作るとする。ただし、サイズは書き入れなくてもよい。また、詳細なサイズは各自で決定してよいものとする。

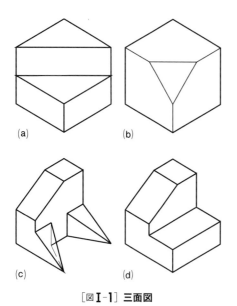

［図Ⅰ-1］三面図

問1-2 三面図の描き方〈正面の選び方〉

　図Ⅰ-2(a)(b)の立体図で示す部品の正面図（正投影図）を描け。サイズは書き入れなくてもよい。また、詳細なサイズは各自で決定してよい。

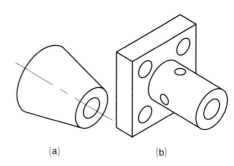

［図Ⅰ-2］三面図（正面図の選び方）

問1-3 三面図の描き方〈三面図で見えるもの〉

　図Ⅰ-3は数字の1の形をした厚い板を第三角法で三面図に表したものである。この図のまちがっているところを指摘し、修正しなさい。

［図Ⅰ-3］まちがった三面図

問1-4 三面図の描き方〈図が必要な方向〉

図Ⅰ-4(a)〜(d)のうち、上面図がなくてもわかるものを選びなさい。また、左側面図の追加が必要なものを選びなさい。

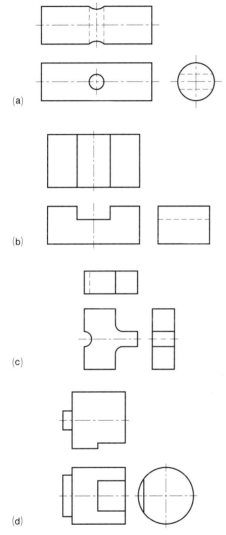

[図Ⅰ-4] 上面図が不要のものと左側面図が必要なもの

問1-5 三面図の描き方〈三面図の理解〉

図Ⅰ-5の二面図の部品は図Ⅰ-6(a)(b)のどちらか。

[図Ⅰ-5] 二面図

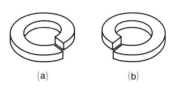

[図Ⅰ-6] 立体図

問2-1 線〈線の種類〉

製図でおもに使用する線を4種類挙げ、それらを描き、それぞれのおもな用途を述べよ。

問2-2 線〈線の太さ〉

製図でおもに使用する線の太さを3種類挙げ、用途ごとに分類せよ。

問2-3 線〈太い線と細い線〉

次のうち、必ず太い線としなければならないのはどれか。また、必ず細い線としなければならないのはどれか。

a：外形線　b：かくれ線　c：中心線
d：想像線　e：寸法線　f：寸法補助線
g：引出線　h：ハッチング

問2-4 線〈線の太さと種類〉

図Ⅰ-7はすべての線が細い実線で描かれている。正しい線の太さと種類に修正しなさい。

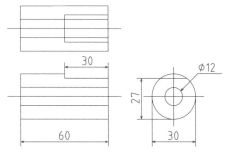

[図Ⅰ-7] すべて細い実線の図

問2-5 線〈線の太さと種類〉

図Ⅰ-8(a)(b)の線の不適切なところを修正しなさい。

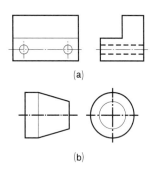

[図Ⅰ-8] 線がまちがっている図

問3-1 断面図〈切断のしかた〉

図Ⅰ-2(b)の部品の①全断面図、②片側断面図をそれぞれ描け。

問3-2 断面図〈切断しないもの〉

断面図を描くとき、長手方向に切断してはいけないものを5つ挙げよ。

問3-3 断面図〈断面図に示すもの〉

図Ⅰ-9の断面図のまちがっているところを修正しなさい。

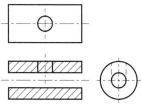

[図Ⅰ-9] まちがいのある断面図

問3-4 断面図〈切断しないもの〉

図Ⅰ-10は回転軸に円筒部品をピンでとめたものである。この断面図は、通常は切断しないものも切断されている。修正しなさい。

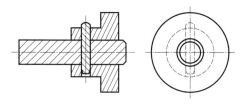

[図Ⅰ-10] すべて切断した断面図

問3-5 断面図〈切断面の位置〉

図Ⅰ-11左の断面図のまちがいはどこか。

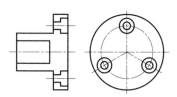

[図Ⅰ-11] まちがいのある断面図

問4-1 サイズの記入〈サイズの基準点〉

図Ⅰ-12の鍵の図にサイズを記入しなさい。鍵の機能を考えて適切な位置にサイズを指定すること。なお、この図は現尺であるが、倍尺で描くとよい。

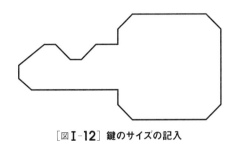

［図Ⅰ-12］鍵のサイズの記入

問4-2 サイズの記入〈記入する場所の選び方〉

図Ⅰ-13の90°の正確な溝のあるVブロックと呼ぶ治具の図にサイズを記入しなさい。なお、全幅100である。

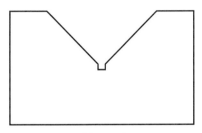

［図Ⅰ-13］サイズの記入

問4-3 サイズの記入〈サイズを入れる場所と向き〉

図Ⅰ-14のサイズの記入のまちがっているところを適切に修正しなさい。

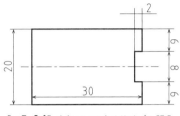

［図Ⅰ-14］まちがいのあるサイズの記入

問4-4 サイズの記入〈寸法線と寸法補助線の記入方法〉

図Ⅰ-15(a)～(e)のうち、まちがっているのはどれか。また、それを正しくなおしなさい。

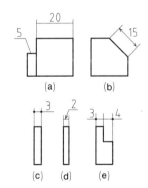

［図Ⅰ-15］まちがいのあるサイズの記入

問4-5 サイズの記入 〈直列と累進の記入〉

図Ⅰ-16の部品の横方向のサイズを
(a)直列寸法記入法
(b)左端を起点とした累進寸法記入法
で記入しなさい。下の目盛を参照し、現尺で描くこと。

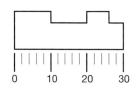

[図Ⅰ-16] 直列または累進のサイズを記入する

問5-1 直径・半径のサイズの記入 〈断面図〉

図Ⅰ-17の部品の図面を適切に描き、サイズを記入せよ。長さは100 mm、直径は大きいほうが200 mm、小さいほうが100 mmとする。そして中心に細いほうから直径20 mm、深さ50 mmのとまり穴をあけよ。

[図Ⅰ-17] 直径の記入

問5-2 直径・半径のサイズの記入 〈正面図と平面図〉

図Ⅰ-18は直径20 mm、長さ30 mmの円筒の側面中央に直径10 mmの穴があいたものである。これを、サイズを記入した1面のみの図で表しなさい。

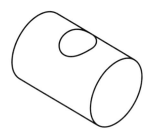

[図Ⅰ-18] サイズの記入（穴あき軸）

問5-3 直径・半径のサイズの記入 〈直径と半径指定に必要なもの〉

図Ⅰ-19の直径および半径記入にまちがいがあれば、それを修正しなさい。

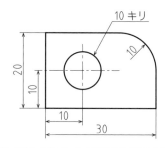

[図Ⅰ-19] まちがいのある直径と半径の記入

問5-4 直径・半径のサイズの記入〈見やすい記入法〉

図Ⅰ-20のサイズの記入法は好ましくない。適切に修正しなさい。

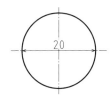

［図Ⅰ-20］好ましくない直径記入

問5-5 直径・半径のサイズの記入〈φの必要なもの〉

図Ⅰ-21(a)の部品について、サイズを記入した(b)〜(g)のうち、数値の前にφが必要なのはどれか。

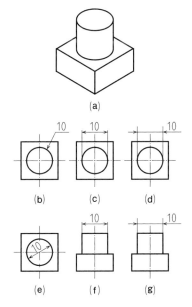

［図Ⅰ-21］直径記入にφが必要なもの

問6-1 穴の個数・深さ・加工方法の記入〈ドリルとリーマ〉

幅20 mm×長さ50 mm×厚さ20 mmの材料の中心（幅・長さ方向の中心）とそこから長さ方向左右に15 mmの3か所に直径3 mmの穴をあける。中心の穴はドリルで深さ15 mmあける。左右の穴は、貫通穴としてリーマで仕上げる。このときの図面を描け。

問6-2 穴の個数・深さ・加工方法の記入〈ざぐりの指定〉

図Ⅰ-22の断面図のような加工を上面図だけで示したい。上面図に指示を入れなさい。

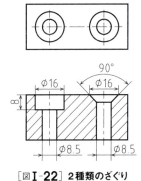

［図Ⅰ-22］2種類のざぐり

問7-1 ねじの記入〈ねじ径〉

図Ⅰ-23のように、長さ50 mm×50 mm、厚さ30 mmの材料の真ん中に直径8 mmのメートルねじを貫通であけたい。このときの図面を描け。

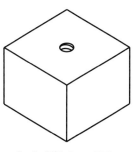

［図Ⅰ-23］ねじの記入

問7-2 ねじの記入〈個数と深さ〉

図Ⅰ-24の部品に、M10ピッチ1.25で深さ15のめねじを4か所につくりたい。平面図に指示を書き入れなさい。

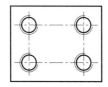

[図Ⅰ-24] 4か所のM10深さ15のめねじ

問7-3 ねじの記入〈めねじの線〉

図Ⅰ-25(a)(b)はどちらもまちがいがある。適切に修正しなさい。

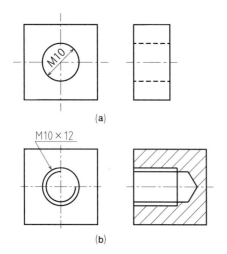

[図Ⅰ-25] まちがいのあるめねじ記入

問7-4 ねじの記入〈おねじの線と指定法〉

図Ⅰ-26のまちがいを修正しなさい。

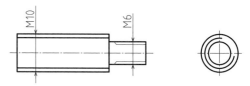

[図Ⅰ-26] まちがいのあるおねじ記入

問7-5 ねじの記入〈下穴深さ〉

長さ50 mm×50 mm、厚さ30 mmの材料の端から10 mmずつ離れた四隅に、直径8 mmのメートルねじをあける。有効ねじ部の深さを20 mmを確保したうえで貫通しないようにねじ穴を作りたい。このときの図面を描け。

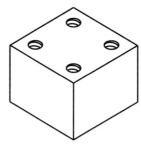

[図Ⅰ-27] ねじの記入

問7-6 ねじの記入〈ねじの通り穴〉

問7-2で作成した材料の上に、同じ長さ、厚さをもつ材料をおき、M8×40の六角穴付きボルト4個で2枚の材料を固定したい。このとき、上側の材料の図面を描け。ただし、ねじの頭部は材料の表面より上側へはみ出ないようにすること。

問8-1 表面粗さ〈パラメータの違い〉

表面粗さを指定するのに使用する粗さパラメータである Ra と Rz の違いとそのおもな用途について説明せよ。またその後に書かれる数値を4種類ほど挙げよ。

問8-2 表面粗さ〈表面の向き〉

図Ⅰ-28の2面図の表面粗さ指定の方法を正しくなおしなさい。

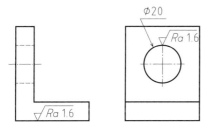

［図Ⅰ-28］まちがいのある表面粗さ指定

問8-3 表面粗さ〈指示の向きと引出線〉

図Ⅰ-29の表面粗さ指定のまちがっている部分を指摘し、正しくなおしなさい。

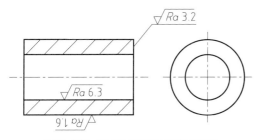

［図Ⅰ-29］まちがいのある表面粗さ指定

問8-4 表面粗さ〈算術平均粗さ〉

先端のとがった工具で切削加工をおこなったところ、図Ⅰ-30のような凹凸が連続する面になった。この上面の算術平均粗さを求めなさい。

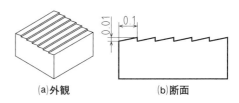

［図Ⅰ-30］算術表面粗さの計算

問9-1 面取り〈必要性〉

面取りが必要な状況を3つあげよ。

問9-2 面取り〈軸端の面取り〉

直径40の軸の端部を半径4mmでR面取りする図面を描きなさい。また、同じ軸を4mmでC面取りする図面を描きなさい。ただし、国際的に通用する表記とすること。図は端部付近だけでよい。寸法線等が交差しないように工夫しなさい。

問9-3 面取り〈C面取り指定の向き〉

図Ⅰ-31のC面取り指定のうち、好ましくないのはどれか。

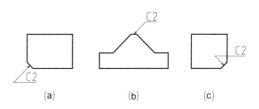

［図Ⅰ-31］C面取り指定のまちがい探し

問9-4 面取り〈R面取り指定〉

図Ⅰ-32のR面取り指定のまちがいを正しくなおしなさい。

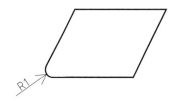

[図Ⅰ-32] R面取り指定のまちがい探し

問10-1 溶接〈開先の形状〉

図Ⅰ-33のA～Cの記号で指示された開先の実際の形状をa～jから選択しなさい。

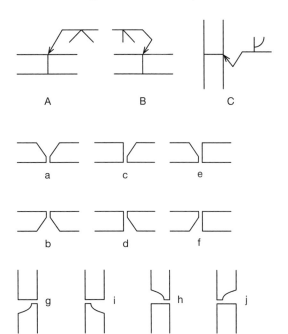

[図Ⅰ-33] 溶接の形状

問10-2 溶接〈溶接記号を用いた指定〉

図Ⅰ-34(a)のように上側に深さ5でルート間隔2の90度V字開先をもうけ、溶接深さを7とする溶接したい。これを指示する記号を図Ⅰ-36(b)の上面につけなさい。

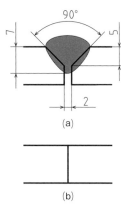

[図Ⅰ-34] 溶接記号

問11-1 表題欄と部品欄〈図面に必須のもの〉

次のうち、表題欄などの図面中に書くことが必須であるとJISに規定されている項目を選択しなさい。

a：図面番号　b：図名　c：尺度　d：投影法
e：日付　f：氏名　g：照合番号　h：輪郭線
i：中心マーク　j：参照用の格子　k：比較目盛

問11-2 表題欄と部品欄〈不足修正〉

図Ⅰ-35の表題欄に不足しているものは何か。

○○工業大学	設計	米田 完	日付	H29.1.1
図名	練習問題	図番		PR-11-4

[図Ⅰ-35] 不足のある表題欄

問11-3 表題欄と部品欄〈不足修正〉

図Ⅰ-36の部品欄に不足しているものは何か。

品 名	材 料	工程	備 考
練習部品	A5052	キ	アルマイト

[図Ⅰ-36] 不足のある部品欄

問12-1 組立図〈照合番号の記入〉

図Ⅰ-37の組立図の照合番号の記入方法を修正しなさい。

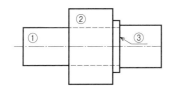

[図Ⅰ-37] まちがった照合番号記入

問12-2 組立図〈組立図に必要なもの〉

次のうち、組立図に記載することが必須なものはどれか。また、記載したほうがよいものはどれか。

① 部品表　② 輪郭線　③ 照合番号
④ 主要サイズ　⑤ 組立順序　⑥ 表面粗さ
⑦ 立体図　⑧ 尺度　⑨ 投影法

問13-1 サイズ公差〈差の部分のサイズ公差〉

普通公差中級（p.033表13-1）を適用すると、図Ⅰ-38の左の太い部分の長さがどのくらいになる可能性があるか、上限値と下限値を求めなさい。

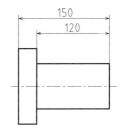

[図Ⅰ-38] 差の部分のサイズ公差

問13-2 サイズ公差〈2つの穴の間隔〉

図Ⅰ-39のように、部品AとB双方の150 mm間隔の2つの穴にM10のボルトを入れ、ナットでとめる。150 mmのサイズに普通公差中級（p.033表13-1）を適用すると、そのサイズの最大値と最小値はいくらか。

また、AとBともに多数製作し、任意の組み合わせをしたときに、ボルトが必ず入るようにするためには、穴径を何mm以上にすればよいか。ただし、ボルトの直径は正確に10 mmとする。また、AとBの穴径は同じとし、穴径に対するサイズ公差は無視する。なお、ボルトが入って組み立てられれば、AとBの相対位置のずれは許容できるとする。

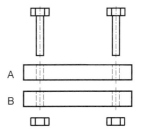

[図Ⅰ-39] 独立な部品の穴間隔公差

問13-3 サイズ公差〈間隔と穴径の公差〉

問13-2において、穴径にも普通公差中級を適用した場合、穴径の指定値は何mm以上にしなければならないか。

問14-1 軸と穴のはめあい〈すきまの計算〉

すきまばめのはめあいである$\phi50g6$の軸と$\phi50H7$の穴のすきま（直径の差）の最小値と最大値を求めなさい。p.036表14-1とp.037表14-2を参照すること。

問14-2 軸と穴のはめあい〈はめあいの理解〉

次の①〜④のうち、まちがっているものはどれか。ただし、使用材料は金属とする。

① すきまばめとは、軸径が許容範囲内で最大で、穴径が許容範囲内で最小であっても、軸と穴の間にすきまが確保されるはめあいである。
② しまりばめで製作したものは、弱い力では挿入できない。
③ しまりばめは基本サイズ公差等級の高いものしか実用にならない。
④ 中間ばめで製作したものは、必ず弱い力で挿入できる。

問14-3 軸と穴のはめあい〈はめあいと普通公差の比較〉

次の文章の（　）に適切な数値を入れなさい。

直径指定値が20の円筒形部品がある。普通公差中級を適用すると、直径は最小で（　）mm、最大で（　）mmが可とされる。一方、h8のはめあい指定をした場合は、直径の許容範囲は（　）〜（　）mmである。

問14-4 軸と穴のはめあい〈しまりばめの焼きばめ〉

外径が$\phi100n6$の軸を内径が$\phi100$のベアリングに入れる。ベアリング内径はJIS 0級でサイズは99.980〜100である。この組み合わせは、しまりばめであるので、ベアリングを加熱して膨張させ、室温の軸を入れる。ベアリングの材料は12.5×10^{-6}／℃の割合で膨張する。つまり穴径は1℃あたりもとの径の100万分の12.5だけ大きくなる。上記の軸を入れるときのしめしろの最大値を計算し、必要な温度上昇は何℃か求めなさい。（p.036表14-1とp.037表14-2参照）

問15-1 幾何公差①〈データムの有無〉

次の幾何公差のうち、基準となるデータムを必ず指定しなければならないものはどれか。

a：真直度　b：平面度　c：真円度　d：平行度
e：直角度　f：同心度

問15-2 幾何公差①〈幾何公差の理解〉

次の①～⑤のうち、まちがっているものはどれか。

① データムは、実際の部品の線や面そのものではなく、それをもとにした凹凸やうねりのない理想的な直線や平面である。
② 最大実体公差方式は検査項目が簡略化できる実用的な公差指定である。
③ 複数のデータムを指定する場合、その順序によって意味が異なる。
④ 個別の幾何公差を指定せず、全体に普通幾何公差を適用することができる。
⑤ 真直度や真円度の測定は1つの面内についておこなえばよい。

問16-1 幾何公差②〈同心度の指定〉

図Ⅰ-40の円筒部品について、左右2つの穴の同心度が0.05以下になるように指示を書き入れなさい。

[図Ⅰ-40] 同心度の指定

問16-2 幾何公差②〈穴の位置度と直径拡大量の関係〉

図Ⅰ-41のように穴の位置度を指定した板を多数製作した。この中の任意の2枚を取り出して重ね、2枚の穴を貫通するようにφ10（ここでは直径10.000とする）の円筒を入れる。円筒が必ずスムーズに入るためには、穴の直径指定値を何mm以上にする必要があるか。ただし、2枚の板は基準面A、Bを一致させて重ねるものとする。なお、ここでは、穴の直径については、指定値に対して加工誤差があることは考えなくてよい。

また、この位置度指定をせず、40と50の値に普通公差中級（p.033表13-1）を適用する場合、穴の直径指定は何mm以上にする必要があるか。

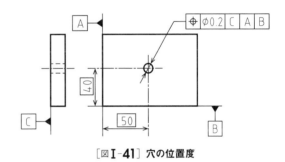

[図Ⅰ-41] 穴の位置度

問16-3 幾何公差② 〈指定不備により許容される形態〉

図Ⅰ-42(a)の真直度指定をしたとき、図Ⅰ-43の中で許容されてしまう形態を選びなさい。同様に図Ⅰ-42(b)の指定に対して許容されるのはどれか。

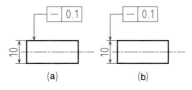

［図Ⅰ-42］円筒に指定した幾何公差

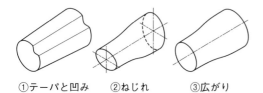

［図Ⅰ-43］指定不足で適格になってしまう形状

問17-1 立体図 〈三面図から立体図〉

図Ⅰ-44～46の三面図をもとに、キャビネット図とアイソメトリック図を描け。

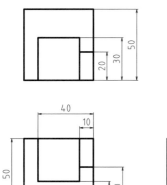

［図Ⅰ-44］

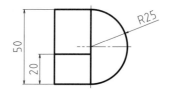

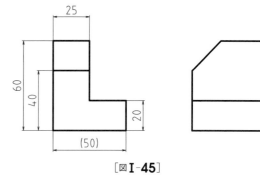

［図Ⅰ-45］

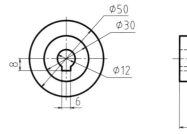

［図Ⅰ-46］

Basic Mechanical Design Drafting **Part 2** 機械部品

Chapter 18 ねじ

1 ねじの種類

図18-1(a)のように円筒の外面に溝があるものを**おねじ**、(b)のように円筒の内面にらせん状の筋のあるものを**めねじ**という。なお、一般的なねじは、おねじを時計回りに回すと奥に進む。これを**右ねじ**と呼ぶ。逆向きのものは**左ねじ**と呼ぶ。

おねじやめねじの筋の凸になった部分を**山**、凹んだ部分を**谷**と呼ぶ。ねじの多くは、図18-1のように、山と谷の軸方向の断面が三角形である。これを**三角ねじ**と呼ぶ。一方、山と谷の断面が台形の**台形ねじ**（**図18-2**）や、四角形の**角ねじ**（**図18-3**）もある。これらは、かみ合い面の接触力が斜めでなく軸方向を向いているため、三角ねじにくらべ、推進力に対して発生する接触力が小さく、摩擦が少ない。このため、回転力を効率よく推進力に変えることができる。バイスやジャッキなどの強い推進力を出す部分や、工作機械の送りねじなどに使われる。

また、**図18-4**のように直径が先に行くほど細くなったねじを**テーパねじ**（テーパおねじ）と呼ぶ。めねじも同様に、奥に行くほど細くなったテーパめねじがある。テーパねじは、回していくと、めねじとおねじの隙間がなくなって密着していく。この性質を利用して配管に気密性をもたせながら接続する「管用ねじ」として使われる。なお、管用ねじの組み合わせには、おねじまたはめねじのどちらか一方のみをテーパねじとする規格もある。

2 ねじの呼び径

ねじの規格の第一は太さを表す**呼び径**で、これは最も太い部分の直径（最外径）をmm単位で表した数字である。おねじの場合、呼び径は**図18-5**に示す山の尾根（いちばん高いところ）のらせんの直径となる。一方、めねじの呼び径は凹凸の最外径、つまり谷底のらせんの直径となる。

JIS規格（ISO規格）では**表18-1**の左の列のように、ねじの呼び径が決められている。表18-1にあるねじを**メートルねじ**と呼び、直径の数字の前にMをつけて表記する。このほかに、インチ単位のもの（UNC、UNFなど）、テーパのもの（R、Rcなど）もある。

(a) おねじ　　(b) めねじ

［図18-1］一般的な三角ねじ

［図18-2］台形ねじ

［図18-3］角ねじ

［図18-4］テーパねじ

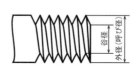 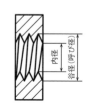

［図18-5］ねじの径

[表18-1] JIS規格のメートルねじ

呼び径	並目ねじのピッチ	下穴径
M1.6	0.35	1.3
M2	0.4	1.6
M2.5	0.45	2.1
M3	0.5	2.5
M4	0.7	3.3
M5	0.8	4.2
M6	1.0	5.0
M8	1.25	6.8
M10	1.5	8.5

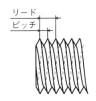

[図18-6] ピッチとリード（二条ねじの例）

[図18-7] 並目ねじ上（上）と細目ねじ（下）

[図18-8] タップの使用法　[図18-9] ダイス

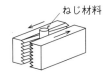

[図18-10] 転造ダイス

注1） ねじの長さを表す場合（**Chapter 7**）と区別すること。M10×15ならピッチが15ではなく、長さが15と判断する。

3 ピッチとリード

ねじのらせんの筋をたどって1周すると、もとの場所から1つとなりの筋（特殊な場合は2つ以上となりの筋）にずれる。筋を1周したときのずれの距離を**リード**という。固定しためねじに入れたおねじを1回転させたときに、おねじが進む距離がリードとなる。

筋をたどって1周したとき1つとなりの筋にずれるのは、円筒上に筋が1本しかない場合である。筋が1本のねじを**一条ねじ**と呼ぶ。ほとんどのねじは一条ねじである。一方、**図18-6**は筋をたどって1周したときに2つとなりの筋にずれるねじで、円筒上に2本の筋があるので**二条ねじ**と呼ぶ。

ねじを止めて見たときの筋と筋（となりどうしの筋）の間隔を**ピッチ**と呼ぶ。一条ねじではリードとピッチが等しく、二条ねじではリードがピッチの2倍である。

メートルねじ（一条ねじ）のピッチは表18-1の**並目ねじ**が標準である。これに対して、同じ呼び径で並目ねじよりピッチの小さいものを**細目ねじ**と呼ぶ。**図18-7**の上が並目ねじ、下が細目ねじである。細目ねじはらせんの傾斜度が小さいため、ゆるみにくい。また、回転に対して進みが小さく、精密送りができる。さらに、山が小さいため、薄いパイプにねじを作れるなどの特徴がある。また、細目ねじのボルトは、並目ねじより谷の径が大きい（中実の部分が太い）ため、引っ張りや曲げに強い。

呼び径とピッチを合わせてねじを指定する。たとえば、呼び径10でピッチ1.25のねじはM10×1.25と表す[注1]。ただし、並目ねじは通常、ピッチを記さない。

4 ねじの作り方

めねじを作るには、まず、表18-1に示す下穴径のドリルで穴をあける。その穴に、**図18-8**のように**タップ**を回しながら入れ、切削（切りくずが出る加工）していく。

おねじを作るときは**図18-9**の**ダイス**を使う。ねじ外径（呼び径）の丸棒にダイスを回しながら進めて、切削していく。ただし、市販のおねじのほとんどは切削ではなく、**転造**と呼ばれる切りくずの出ない方法で作られる。**図18-10**のような、転造ダイスと呼ばれる斜めの溝をもつ一対の工具（平板や円筒のものがある）の間で、強い力で圧縮しながら棒材を転がして、塑性変形させて作る。

このほか、旋盤を使って刃物の送りを材料の回転と同期させ、おねじやめねじを切削して作る方法もある。また、NC工作機械で作ることもできる。

5 おねじの頭とナットの形

おねじの頭の形は、**図18-11**のような六角、六角穴付き、なべ、皿が一般的である。また、頭のふくらみのない、**図18-12**のような止めねじもある。なお、おねじの長さは、**図18-13**のように、全長から頭の部分を除いた長さ（首下寸法）で表す。ただし、皿ねじは頭を含んだ全長で表す。

一方、めねじの代表的な形である六角ナットは、呼び径に対する厚さの割合と面取りの有無で分類される。**図18-14**に示す1種、3種がよく用いられる。1種は厚さが呼び径の約8割で、片側が面取りされている。3種は1種より薄くて、両側が面取りされている。このほか、薄くて片側が面取りされた2種もある。

6 座金

ねじを締めるときに台座となる部材の強度がボルトやナットよりも弱い場合には、**図18-15**の座金（ワッシャ）を使うとよい。図18-15左の平座金のほか、ゆるみ止め効果をもつ図18-15右のばね座金がある。

7 ねじの強度と材質

比較的大きな力で締めるねじについては、JISで強度が決められている。おもに**表18-2**のものが使われる。強度区分を表す数字の小数点の左側が引張強度（破断する応力、**Chapter 26**）を示す。たとえば、4とは400 MPa（1 mm²あたり400 Nの力）である。小数点の右の数字は、引張強度に対する降伏応力（下降伏点：これ以下ならくりかえし加えてももとに戻る、**Chapter 26**）の割合を示す。強度区分の数字は**図18-16**のように、ボルトの頭に書かれていることが多い。

実際のねじにどれほどの引張軸力を加えられるかというと、この降伏応力に有効断面積（ねじの谷があるため外径の円よりも小さい）をかけたものになる。例としてM10の値を表18-2に示す。ほかのねじ径の場合、ほぼねじ径の2乗に比例して増減する（M5なら表18-2の1/4倍、M20なら4倍）。

六角　　六角穴付き　　なべ　　　皿

[図**18-11**] おねじの頭の種類

[図**18-12**] 止めねじ

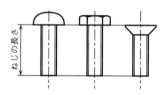

[図**18-13**] ねじの長さ

[図**18-14**] ナット（右：1種、左：3種）

[図**18-15**] 平座金（左）とばね座金（右）

[表**18-2**] 強度区分および軸力とトルクの例

強度区分		4.8	8.8	10.9	12.9
引張強度 [MPa]		400	800	1000	1200
下降伏点 [MPa]		320	640	900	1080
M10 並目ねじ の場合	降伏荷重 [kN]	18.6	27.8	52.2	62.6
	適正トルク [Nm]	19	38	55	65

なお、強度区分4.8と8.8のねじは、炭素鋼（冷間圧造用炭素鋼線：SWCH）、10.9と12.9のねじはクロムモリブデン鋼（SCM、**Chapter 24**）が多い。

8 ねじの使い方

ねじを使って2つの部品間を締結するときは、**図18-17**(a)または(b)のようにする。(a)は、おねじの頭側の部品に通り穴、もう一方の部品にめねじを作る方法である。下側の部品が厚い場合は、止まり穴のねじにすればよい。(b)は、両方に通り穴をあけてナットを使う方法である。どちらの場合も、通り穴の径は、ねじの呼び径（おねじの外径）よりも若干（1割程度）大きくする。これは、穴位置のずれに対応するためである。（**Chapter 16**）

9 ねじのトルクと軸力

ねじを回すと、小さな回転力で大きな軸力が得られる。ドライバーやスパナでねじを回すと、手で加えるよりも大きな力で、ねじによって部品が締め付けられる。また、バイスのハンドルを手で回したときの軸力は、手の力に比較して非常に大きい。これを数式で示してみよう。

ねじの回転力は、加える力に軸から力点までの距離をかけた値、すなわちトルク（モーメント）で表す。**図18-18**のようにねじを回すとき、トルクTと軸力Fとの関係は、リードをℓとし、摩擦を無視すると、次式で表せる。

$$2\pi T = F\ell \quad ^{注2,3)}$$

この式によれば、リードが1mmのねじ（M6の並目ねじなど）を1Nm（ドライバーで強く回す程度、または長さ100mmのスパナの端部に10Nの力を加えたときのトルク）で回したときの軸力は、6280Nとなる。ただし、通常のねじは摩擦が大きいため、この値の10〜25％程度しか軸力が出ない。おねじとめねじの間をボールが転がる**図18-19**のボールねじは摩擦が小さく、上式の値に近い軸力が得られる。

なお、ボルトを締めるときの適正なトルクは、おおよそ表18-2のようになる。これは、ねじの軸力を降伏する値の70％とし、座面（ねじ頭の下面と部品との接触部）の摩擦と、おねじとめねじのかみ合い部分の摩擦によって、上式の16％しか軸力が出ないとしたときの値である。

[図**18-16**] 強度区分の表示（左：4.8、右：10.9）

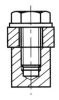 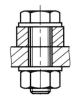

(a)めねじを作る　(b)ナットを使う

[図**18-17**] ねじ締結の方法

[図**18-18**] トルクと軸力（締め付け力）

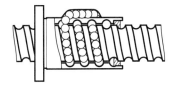

[図**18-19**] ボールねじ

注2) ねじを1周回す回転の仕事と、ねじがリードの距離だけ進む平行移動の仕事が等しいという、仮想仕事の原理で計算できる。また、別の方法として、らせんの角度（リード／ねじ径の1周長さ）の斜面における横方向の力（ねじを回すトルクによって生じる）と縦方向の力（軸力）の比を使っても導出できる。

注3) トルクTと軸力Fの関係は$T = k \cdot d \cdot F$（d：ねじ径、k：トルク係数）と表すことが多い。kにねじ径とリードの比率、摩擦状況を含んでいる。

Chapter 19 歯車

1 歯車の特徴

歯車の組み合わせによる駆動は、機械の中の動力を伝達する方法として多く用いられる。ベルト駆動などにくらべて、すべりを起こさずに確実に動力を伝えられることが特徴である。また、歯数や形状によって動きの速度を変えたり、方向を変えたりできる。一方、若干の騒音や振動が生じやすい。また、通常は歯面に潤滑用の油が必要である。

2 歯車の種類

歯車の中でもっとも一般的なものは**平歯車**である。**図19-1**(a)のように、歯（歯すじ）が中心軸に平行な円盤状の歯車である。この形状の歯車は比較的小さな機械に用いられる。自動車程度の大きさの機械では、よりなめらかに歯のかみ合いが起こるように歯を斜めにした、図19-1(b)の**はすば歯車**を使う。すると、機械の振動が少なくなり、騒音も軽減する。ただし、はすば歯車は、歯がかみ合った部分の力の伝達方向が斜めのため、回転力を伝えると同時に軸方向の力を発生してしまう。この力を軸受でささえるため、大きな軸受が必要になったり、軸受部での摩擦損失が増えたりする。さらに大型の機械である船などでは、少しでも損失を避けるために図19-1(c)の**やまば歯車**を使う。また、大きな歯車と小さな歯車を近い軸間距離でかみ合わせたいときには、図19-1(d)の**内歯車**を使うこともできる。

図19-2(a)の**すぐばラック**は、平歯車と組み合わせると回転と直線移動の変換ができる。また、図19-2(b)のように歯が斜めになった**はすばラック**は、はすば歯車と組み合わせることにより、振動の少ない直線移動ができる。

軸の回転を直角の方向に伝えるとき、**図19-3**の**かさ歯車**を使う。(a)の**すぐばかさ歯車**より(b)の**まがりばかさ歯車**のほうが、かみ合いの進行がなめらかである。

1対の歯車のかみ合わせで大きく減速（入力側に対して出力側の回転速度を小さく）したいときには、**図19-4**(a)の**ウォームギヤ**を用いることができる。ウォームギヤは歯面どうしがすべって動きを伝えるので、歯面の摩擦のために伝達損失が大きい。また、ウォームの軸を入力として、

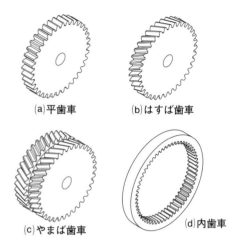

[図19-1] 平行な2軸間で動力を伝える歯車

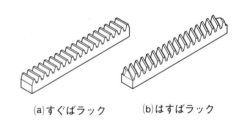

[図19-2] 回転と直線運動をつなぐ歯車

[図19-3] 直交する2軸間で動力を伝える歯車

ウォームホイールの軸を出力とすることはできるが、逆方向の伝達は通常は不可能である。これを「バックドライブできない」という。図19-4(b)の**ハイポイドギヤ**は、かさ歯車の入力軸を出力軸と交わらないようにずらして配置したいときに使用できる。図19-4(c)の**ねじ歯車**も同様に、ずれた軸に回転を伝えることができ、工作機械の送りハンドル部分などに使われる。

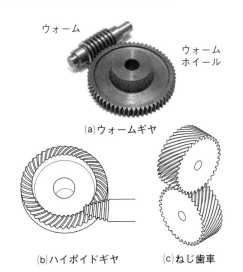

[図19-4] 立体交差する2軸間で動力を伝える歯車

3 歯車の直径と歯の大きさ

歯車の大きさを表す基本の円は、**図19-5**に示す歯の最外周の**歯先円**、歯の谷の**歯底円**、かみ合わせた歯車の歯面どうしが接触する部分の**ピッチ円（基準円）**である。それぞれの円の直径を**歯先円直径、歯底円直径、ピッチ円直径**と呼ぶ。2つの歯車をかみ合わせるときには、**図19-6**のようにピッチ円が接するように軸間距離を決める。

また、歯の大きさは**モジュール**という数値で表す。これはピッチ円直径（mm）を歯数で割ったものである。モジュールが大きいものほど1枚の歯が大きく、モジュールが同じ歯車どうしでないとかみ合わせられない。

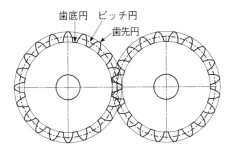

[図19-5] 歯車の基本の円

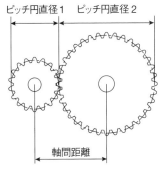

[図19-6] 歯車を組み合わせるときの軸間距離

4 歯の形

歯車の歯の形は、なめらかなかみ合いを実現するために特殊な曲線になっている。**図19-7**のように、円形の糸巻きから糸をほどいていくときに、糸の先端が通る軌跡の曲線が使われる。この曲線を**インボリュート曲線**と呼ぶ。この糸巻きに相当する円を**基礎円**と呼ぶ（基準円とは異なる）。基礎円はほぼ歯底円に等しいが、歯数の少ない歯車では歯底円よりわずかに大きい。

図19-2(a)のすぐばラックの歯形は台形（歯面は平面）である。これは、インボリュート曲線の歯車の直径を無限大にしたもの（糸の長さが無限大）と考えてもよい。

5 伝達できる力

歯車の接触部で伝えられる力の大きさは、モジュール、歯の幅（歯車の厚さ）、材質などで決まる。モジュールに比例して山が大きく、大きな力を伝達できる。そして、歯幅に比例して伝達できる力が大きい。また、強い材料の歯車ほど伝達できる力が大きい。概略として、**表19-1**のように計算できる。樹脂製の歯車は潤滑油なしでも摩擦が小

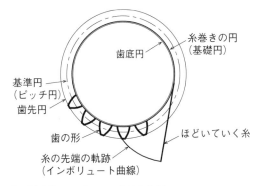

[図19-7] インボリュート曲線と歯型

さいという利点があるが、歯の強度は弱く、伝達できる力は鋼（**Chapter 24**）製の歯車の1/5〜1/10である。

6 歯車の製図

歯車を図面に示すとき、一般には、軸に垂直な方向から見た図を正面図（主投影図）とする。平歯車の場合には、**図19-8**(a)のように、歯車全体が長方形に見える方向が正面である。右側面図は軸方向から見た図とする。平歯車の右側面図は図19-8(b)のように円形に見える方向で描く。

歯車の図面では通常、歯の山の形を描くことはしない。以下のように歯車のサイズを表すのに必要な線だけを描く。

- 歯先円は太い実線で表す
- 基準円（ピッチ円）は細い一点鎖線で表す
- 歯底円は細い実線で表す

これらに従い、側面図では、上記3つの円を図19-8(b)のように描く。なお、軸穴部の凹みはキー溝（**Chapter 22**）である。また、正面図では、上記の3つの円筒の側面の直線を図19-8(a)のように描く。なお、歯底円は記入を省略してもよい。とくに、かさ歯車およびウォームホイールの正面図では、原則として歯底円を省略する。

また、正面図を断面で図示するときは、**図19-9**のように歯底の部分で切断して、歯底の線は太い実線で表す。

はすば歯車の正面図においては、斜めの歯すじを記入することがある。その場合は以下のようにする。

- 歯すじ方向は、通常3本の細い実線で表す

これに従い、はすば歯車の正面図を**図19-10**のように描く。

7 歯車による減速の設計

7.1 | 減速比とトルクの関係

軸の回転を歯車によって減速すると、そのぶんトルクが大きくなる。たとえば**図19-11**のように、モータに歯数20の歯車、車輪に歯数50の歯車をつけたとしよう。モータが1回転すると、歯のかみ合いが歯数20だけ進む。車輪も歯数20だけ回るので、20/50＝1/2.5回転する。この歯車による伝達は「**減速比**が1:2.5である」という。このように歯車によって軸の回転数を変えると、トルクは回転数の比に反比例して変わる（摩擦などによる損失を無視した場合）。減速比が1:2.5のとき、モータに対して車輪の

[表19-1] 歯が伝達できる力

$F = k \cdot m \cdot b \cdot \sigma_b$

F：伝達できる力［N］
k：歯数や使用条件による係数（0.5程度）
　　（歯数が少ないと小さくなる）
m：モジュール
b：歯幅［mm］
σ_b：許容曲げ応力（鋼で200 N/mm² 程度）

伝達トルク $T = F \cdot R$（R：ピッチ円半径）

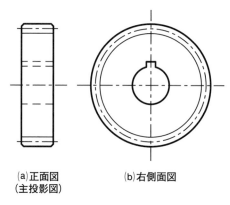

(a)正面図　　　(b)右側面図
（主投影図）

[図19-8] 歯車の製図の基本

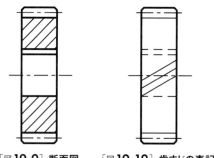

[図19-9] 断面図　　[図19-10] 歯すじの表記

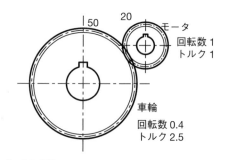

[図19-11] モータから車輪へ1:2.5に減速して回転を伝える歯車

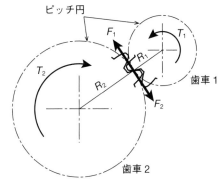

[図19-12] 歯面での力の作用とトルクの関係

F_1、F_2の方向は歯面に垂直になるが、ここではピッチ円の接線方向であると近似する

$T_1 = F_1 \cdot R_1$、$T_2 = F_2 \cdot R_2$

> 歯数比が1:2など、小さい整数比の組み合わせにすると、1つの歯がいつも相手歯車の特定の歯とかみ合うことになってしまう。すると、偏磨耗（一部だけがすり減る）が生じたり、塗布したグリースが全体に行きわたりにくかったりするので、あまり好ましくない。

回転数は2.5分の1になり、トルクは2.5倍になる。

このことをくわしく見てみよう。**図19-12**のように、歯の接触部で受ける接線方向の力F_1（歯の接触部において、歯車1が歯車2から受ける力）とF_2（同じく歯車2が歯車1から受ける力）は、作用・反作用の関係にあるので大きさが等しい（$F_1 = F_2$）。歯車1のトルクT_1はF_1と歯車1のピッチ円半径R_1をかけたもので、$T_1 = F_1 \cdot R_1$である。同様に、歯車2のトルクは$T_2 = F_2 \cdot R_2$である。これより、$T_2 = (R_2/R_1) T_1$となる。図19-11では、歯数比すなわちピッチ円半径の比は2.5なので、車輪のトルクはモータのトルクの2.5倍になる。

7.2 | 減速比の設定

自動車や工作機械などの多くの機械の場合、車輪などの出力部でほしい回転速度に対して、動力源のモータやエンジンの回転は必要以上に高速である。一方、トルクは足りない状態である。回転を遅くしてトルクを増すために歯車による減速をおこなう。その際の回転数とトルクが適切になるように減速比を設定するのが、設計の基本である。たとえば、エンジンの回転数が毎秒50回転であるときに、車輪を毎秒10回転させたければ、減速比は1:5にすればよい。このとき、車輪のトルクとして100 Nmを出すには、エンジンのトルクは20 Nmとなる。

7.3 | 歯車の選定

減速比を決めたあと、実際に使用する歯車を決めるには、カタログの規格（許容トルクなど）を見ながらモジュール、歯幅、材質を選択する。伝達したいトルクに耐えられる歯車にすると同時に、装置が大きくなりすぎないように軸間距離を考慮しなければならない。歯数が多く、直径の大きな歯車を使うと、軸間距離が大きくなってしまう。

そこで、高い減速比が必要な場合には、歯車1対あたりの減速比は1:4程度にして、**図19-13**のように何段も減速をくり返すことが多い。このとき、モータに近い段の歯車は伝達トルクが小さいので、小さいモジュールでよい。出力（図では車輪）に近い歯車は、大きなトルクを伝えられるようにモジュールを大きくしたり、歯幅を大きくする。**図19-14**のようなモータの先端につけるギヤヘッドには、このように設計された、モジュールと歯幅の違う複数のギヤが使われている。

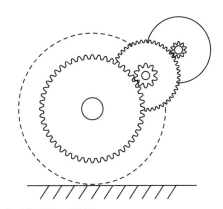

[図19-13] 2段減速

[図19-14] モータ（左）とギヤヘッド（中央）

右はギヤヘッドのカバー

Chapter 20 軸受

1 軸受の概要

機械の回転部分には通常、中心に軸（丸棒）があり、その軸を回転自在にささえる**軸受**がある。軸受は大きく分けて、**図20-1**のような**すべり軸受**と**図20-2**のような**転がり軸受**がある。すべり軸受は軸と軸受が面で接するため、大きな荷重を受けられるという長所がある。一方、転がり軸受は、内側の輪（内輪）と外側の輪（外輪）のあいだにボールやローラが入っていて転がる構造である。回転の抵抗がすべり軸受よりずっと小さいのが特徴である。

転がり軸受のうち、図20-2のように外輪と内輪のあいだにボールがあるものを**玉軸受**（ボールベアリング）、**図20-3**のようにローラ（円筒）があるものを**ころ軸受**（ローラベアリング）と呼ぶ。玉軸受はボールと内外輪とが点（正確には、ごく小さな楕円形）で接触する。一方、ころ軸受はローラと内外輪が線（ごく細い長方形）で接触する。そのため、ころ軸受は玉軸受よりも接触面積が大きく、より大きな荷重を受けられる。

図20-4のような**スラスト軸受**は、アキシャル方向（**図20-5**）の荷重（スラスト）を受けるときに使う。**図20-6**のような**自動調心軸受**は、軸の方向が少し傾いてもスムーズに回るため、組み立て精度が確実でない場合に用いる。

2 転がり軸受の型番

転がり軸受は、JISで種類と寸法が決められていて、型番によってそれを表す。最も一般的な転がり軸受である**深溝玉軸受**（図20-2）について、**図20-7**の各寸法の規格を**表20-1**に示す。型番が同じであれば、どのメーカーのものも同じ寸法である。なお、表20-1には内径が同じで外径が異なる型があるが、外径の大きなもののほうが中のボールの直径が大きく、より大きな荷重に耐えられる。

3 転がり軸受の製図

図面中では、転がり軸受は簡略な方法で描いておき、型番を部品欄に記入することで詳細を指示する。軸を横から見た図面では、**図20-8**の基本簡略図示方法で描く。一般に

［図20-1］すべり軸受

注）すべり軸受は「プレーンベアリング」と呼ぶが、一般に「ベアリング」というと、転がり軸受全般を指すことが多い。

 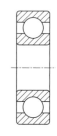

(a)外観　　　　　　(b)断面

［図20-2］玉軸受（深溝玉軸受）

 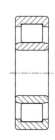

(a)外観　　　　　　(b)断面

［図20-3］ころ軸受

(a)玉軸受　　　(b)ころ軸受

［図20-4］スラスト軸受

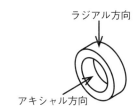

[図20-5] 方向の名称

[図20-6] 自動調心ころ軸受

[表20-1] 深溝玉軸受の型番と寸法抜粋

型番	内径	外径	厚さ	角の丸み最小値
6800	10	19	5	0.3
6900	10	22	6	0.3
6000	10	26	8	0.3
6200	10	30	9	0.6
6300	10	35	11	0.6
6801	12	21	5	0.3
6901	12	24	6	0.3
16001	12	28	7	0.3
6001	12	28	8	0.3
6201	12	32	10	0.6
6301	12	37	12	1
6802	15	24	5	0.3
6902	15	28	7	0.3
16002	15	32	8	0.3
6002	15	32	9	0.3
6202	15	35	11	0.6
6302	15	42	13	1

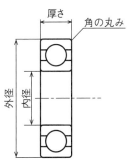

[図20-7] 深溝玉軸受の寸法

は、図20-8(a)のように四角形の中に＋印を記入する。軸受と周囲の部品が接触するのが内輪部か外輪部かを明らかに示したいときは、図20-8(b)の内外輪をずらしたような形にする。また、図中に軸受の形式を示したい場合は、**図20-9**の個別簡略図示方法で描く。ただし、1つの図面中で個別簡略図示方法と基本簡略図示方法を混ぜて使ってはいけない。

さらに詳細に示す場合は、**図20-10**のような比例寸法図示方法で描く。AとBの寸法は実製品の寸法とする。Aの値はカタログには載っていないが、次の計算で求められる。

$$A = \frac{外径 - 内径}{2}$$

A、B以外のボールの大きさなどの寸法は、実製品の寸法ではなく、図20-10に示す比例寸法で作図してよい。

図20-7や図20-10のように転がり軸受の断面図を描くときは、内外輪のみ切断し（ハッチングしてもよい）、ボールやローラは切断しない（図20-2、20-3参照）。

4 軸受を使った設計

4.1 │ 固定側と自由側を使い分ける

駆動軸などを両端でささえる場合、アキシャル方向［図20-5］の荷重（アキシャル荷重）を受ける場所を適切に定めて設計しなければならない。**図20-11**のように、一端でアキシャル方向の位置決めをしてアキシャル荷重を受け、もう一端はアキシャル方向に固定せずアキシャル荷重を受けないようにするのがよい。この図では、右側のベアリングでアキシャル方向の位置を定めている。このような軸受部を「固定側」という。図の左側のベアリングはホルダ（ベアリングを保持する部品）内でアキシャル方向に移動できるようになっている。このような軸受部を「自由側」という（「支持側」ということもある）。

一方の軸受部をアキシャル方向に自由にしなければならないのは、無用な内部力を生じさせないためである。2つの軸受をつなぐフレーム部材（モータの場合はケースなど）の構造が組立式の場合、軸受部の位置精度が低くなりがちである。また、軸は熱膨張して長さが変わる。このため、軸受間の寸法を軸とフレームとで完全に一致させることはむずかしい。軸とフレームの軸受間寸法の微小な差によって、内外輪をアキシャル方向にずらす力が生じてしま

う。この力が大きいと回転の抵抗が大きくなったり、ベアリングが破損したりする可能性がある。

なお、2つの軸受の間隔が狭い場合や、小型の機械の場合などでは、上記の問題は無視できることが多い。

4.2 │ 軸およびホルダとのはめあい

ベアリングの内輪と軸、ベアリングの外輪とホルダのあいだは通常、回転側をしまりばめ、固定側をすきまばめ(**Chapter 14**)にする。たとえば、**図20-12**のようにベアリングを保持しているホルダが動かず、軸が回転する場合、内輪は外から見て回転する側である。そこで、内輪と軸のあいだをしまりばめとする。また、外輪は外から見て回転しない固定側であるため、外輪とホルダのあいだはすきまばめとする。

このようにする理由は、すきまのある2つの円が転動する(ころがりながら動く)現象を起こさないためである。たとえば**図20-14**(a)のように、内輪と軸とのあいだにすきまがあると、上部の車体の重量をささえる上向きの力が軸にかかった場合、軸は内輪の中で上に寄った状態になる。この状態で軸が回転すると、内輪の内部で転動をおこす可能性がある。

一方、**図20-13**のように回転しない車軸にベアリングを介して自由回転する車輪をつけるような場合は、上記とは逆にする。もし図20-14(b)のように、ベアリングの外輪と車輪のホイール（図の斜線部）の穴のあいだにすきまがあると、車重をささえるために上向きの力を受けたホイールは、外輪の下側に接触する。その状態でホイールが回転すると、ベアリングの外輪がホイールの穴の中で転動する。

内輪も外輪もしまりばめとすれば、転動はしないが、非常に組み立てにくく、また分解できないものになってしまう。このため、転動の可能性が少ないほうをすきまばめにする。

4.3 │ 荷重と寿命

ベアリングに過大な力がかかると破損してしまう。外見上の破損はなくても、回転に支障がでることもある。たとえば大きな衝撃力が加わった場合には、内部の溝に圧痕（凹み）ができ回転しにくくなる。また、すぐには不具合を生じない程度の力でも、その荷重下で長時間使っていると回転がなめらかでなくなることがある。内外輪の溝やボールの表面が荒れてくるからである。

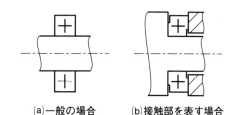

[図20-8] 基本簡略図示方法

(a)一般の場合　(b)接触部を表す場合

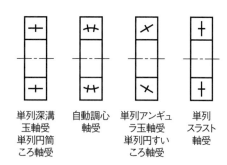

単列深溝玉軸受・単列円筒ころ軸受　自動調心軸受　単列アンギュラ玉軸受・単列円すいころ軸受　単列スラスト軸受

[図20-9] 個別簡略図示方法

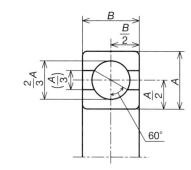

[図20-10] 比例寸法図示方法

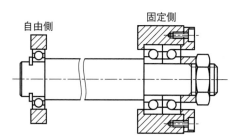

自由側　固定側

[図20-11] 一か所でアキシャル荷重を受ける設計

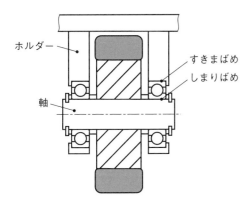

[図20-12] 軸が回転する構造

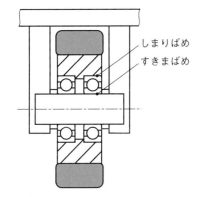

[図20-13] 軸が回転しない構造

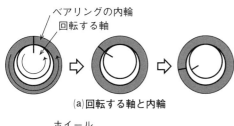

(a)回転する軸と内輪

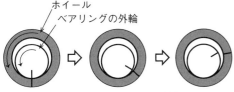

(b)回転するホイールと外輪

[図20-14] 転動のようす

　これらの不具合が生じない荷重の目安として、カタログには**基本動定格荷重**というラジアル荷重の値が載っている。**表20-2**にその例を示す。これは、その荷重で使用した多数の軸受があるとき、90%の数が問題なく100万回転まで使える値である。低速で回転する機械では、100万回転まで使えれば十分すぎるほどである。一方、毎分数千回転のような高速で回り続ける軸受では、100万回転の寿命が数時間で終わってしまう。

　そこで、より長く使うため、基本動定格荷重より小さな荷重で使うように設計する。つまり、想定される使用荷重よりも大きな基本動定格荷重をもつ軸受を使えばよい。そのときの寿命Lは次のようになる。

$$L = 10^6 \times \left(\frac{C}{P}\right)^N \quad (回転)$$

C：基本動定格荷重、P：使用荷重

玉軸受では$N=3$、ころ軸受では$N=10/3$

　たとえば、玉軸受の場合、設計値として想定される荷重Pが決まっているとき、その2倍の基本動定格荷重Cをもつ軸受を使うように設計すれば、寿命は800万回転となる。CをPの10倍にすれば、寿命は10億回転までのびる。軸径が決まっているとき、すなわち軸受の内径が決まっている場合には、外径の異なるいくつかの軸受の中から、より大きな外径のものを選べば、その基本動定格荷重が大きく、寿命を長く設計することができる。

　また、軸受のカタログには**基本静定格荷重**という値も載っている。表20-2にその一例を示す。これは、ボール（またはローラ）と溝の永久変形量の和が、ボール（またはローラ）直径の1万分の1に達する荷重である。玉軸受では、このときのボールと溝との接触圧力が4.2 GPaになる。これを超える荷重を加えると、なめらかな回転に支障が生じるとされている。なお、小径の軸受では基本静定格荷重は基本動定格荷重より小さく、大径では逆になる。

[表20-2] 深溝玉軸受の荷重の例（メーカーにより多少異なる）

型番	内径	外径	基本動定格荷重[N]	基本静定格荷重[N]
6804	20	32	4000	2470
6904	20	37	6400	3700
6004	20	42	9400	5000
6204	20	47	12800	6600
6304	20	52	15900	7900

Chapter 21 キー結合

1 キー結合の概要

キー結合とは、穴の開いた部品と軸とを回転しないように固定する方法の1つである。丸い回転軸に丸穴のあいた歯車やプーリ（ベルトをかける滑車）などの部品を取り付けるとき、その結合部で回転力を伝えるためには、軸と部品とのあいだが空転しないようにする必要がある。そこで図21-1に示すように、軸と穴のあいだに四角い棒（**キー**）を入れる。キーを入れるため、軸には断面が四角形の溝を作る。一方、部品中央の丸穴部分（**ハブ穴**という）には四角い切り欠きを作る。四角い溝や切り欠きを**キー溝**という。

[図21-1] キー結合した軸とプーリ

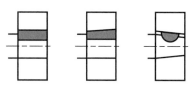

[図21-2] キーの種類

2 キーの種類

キーの形は、図21-2のように**平行キー**、**こう配キー**（テーパーキー）、**半月キー**がある。

平行キーは最も一般的に使用される。図21-3のように軸の端部または中間部にキー溝をつくり、キーを入れる。軸にキーを入れてから、ハブ穴のあいた部品をスライドさせて組み立てる。

こう配キーは、上面が1：100（長さ100 mmあたりに高さが1 mm変わる）のこう配となっている。勾配キーは、軸とハブの間に押し込むことによって上下面を強く密着させられる。このとき、ハブ穴のキー溝にも1：100のこう配をつけることが望ましい。

半月キーは、軸に半月型の溝を作ってはめ込む。軸とハブ穴のあいだがテーパー結合になっている場合に用いる。

[図21-3] 平行キーと軸のキー溝

3 キーの規格

キーは通常、市販されている規格品を使用する。表21-1に、JISで定められた平行キーの寸法を示す。太い軸には大きなキーを使う。キーは軸のキー溝の底に接し、穴のキー溝の頂部には若干のすきまができる。キーは軸の溝にきつくはまっているので、上下に動かない。

キーの長さは表21-1下にある数値から選択する。ハブ穴のあいた部品の厚さ（穴の長さ）に合わせればよい。既定の長さのキーの市販品をそのまま用いるほか、300 mm

[表21-1] 平行キーの規格（小寸法範囲のみ抜粋）

呼び寸法 $b \times h$	b	h	t_1	t_2	適応する軸径
2×2	2	2	1.2	1.0	6～8
3×3	3	3	1.8	1.4	8～10
4×4	4	4	2.5	1.8	10～12
5×5	5	5	3.0	2.3	12～17
6×6	6	6	3.5	2.8	17～22
(7×7)	7	7.2	4.0	3.3	20～25
8×7	8	7	4.0	3.3	22～30
10×8	10	8	5.0	3.3	30～38
12×8	12	8	5.0	3.3	38～44
14×9	14	9	5.5	3.8	44～50
(15×10)	15	10.2	5.0	5.3	50～55
16×10	16	10	6.0	4.3	50～58
18×11	18	11	7.0	4.4	58～65

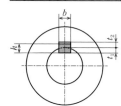

キーの長さ
6, 8, 10, 12, 14, 15, 16, 18, 22, 25, 28, 32, 36, 40, 45, 50, 56, 63, 70, ……

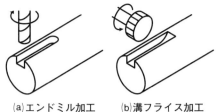

[図21-4] 軸のキー溝加工法

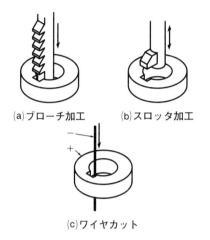

[図21-5] 穴のキー溝加工法

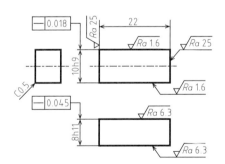

[図21-6] キー本体の製図

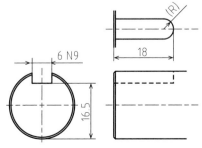

[図21-7] 軸のキー溝の製図

程度の定尺キーを切断して用いることもある。

4 キー溝の作成方法

軸のキー溝は、**図21-4**(a)(b)のようにフライス盤などで加工することができる。(a)と(b)では溝の端の形状が異なる。穴のキー溝は**図21-5**(a)のようなブローチ加工、(b)のようなスロッタ加工、(c)のようなワイヤカット放電加工で作る。

5 キーおよびキー溝の製図

キー単体の図は、**図21-6**のように描く。キーの幅の面（図21-6では上下面）の平行度（**Chapter 16**）と表面粗さ（**Chapter 8**）を指定する。キーは、幅（軸の回転方向）について高い精度のはめあいが必要なため、幅（図21-6の「10」、表21-1の「b」）の公差は高さ（図21-6の「8」、表21-1の「h」）の公差より小さい（寸法の小さいキーは同一公差である）。幅の公差はh9（**Chapter 14**）、高さの公差は寸法によってちがい、小さいものはh9、大きいものはh11である。表面粗さについても側面のほうが上下面よりも小さい。

軸とハブ穴のキー溝の製図例を**図21-7**、**図21-8**に示す。キー溝の幅の公差は、軸と穴とで差をつける。軸の溝幅の公差はキーとのあいだがしまりばめとなるN9、ハブ穴の溝幅の公差は中間ばめとなるJS9とする。

軸とハブ穴を組み立てた図面の中にキーを示す場合は、**図21-9**のように、通常は断面図においても切断しない軸の一部を切断して描く。このとき、キーは切断せず、ハッチングをしない。

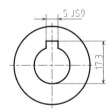

[図21-8] 穴のキー溝の製図

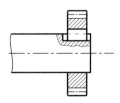

[図21-9] キー結合部分の断面を示した図

Chapter 22 止め輪

1 止め輪の種類

図22-1のように部品の穴に軸を通したとき、軸が穴から抜けないように、軸端に設けた溝にはめる部品を**止め輪**という。止め輪には、**図22-2**のように軸に取り付ける軸用止め輪、**図22-4**のように穴に取り付ける穴用止め輪がある。

図22-2(a)は軸用の**C型止め輪**（**C リング**）で、外径と内径の中心がずれているので**C型軸用偏心止め輪**と呼ぶ。C型止め輪を軸にはめるには、図22-2(b)のように2つの小穴に工具（軸用スナップリングプライヤ）の先端を入れ、止め輪の径を広げて軸端から溝に取り付ける。図22-2(c)は、止め輪によって軸がベアリングから図の後方に抜けるのを防ぐ例である[注]。

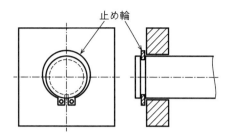

[図22-1] 止め輪を使用する構造

> 注）軸の反対側にも止め輪をつけて、軸が図22-2(c)の手前に抜けるのを防ぐ必要がある（**Chapter 27**）。

軸の直径が小さい場合（おおむね10 mm未満）には、**図22-3**の**E型止め輪**（**Eリング**）を用いることが多い。C型と違い、軸の側面から溝部に押し込むようにして取り付ける。

図22-4(a)は穴用止め輪で、**C型穴用偏心止め輪**と呼ぶ。穴の内側に溝加工しておき、(b)のように止め輪の穴に工具（穴用スナップリングプライヤ）の先端を入れて、直径を縮めてはめる。(c)のように、ベアリングが穴から抜けないように止めることができる。

なお、**図22-5**のような幅が一様（内側円と外側円が同心）で工具用の穴のない、**C型同心止め輪**もある。軸用は表面にギザギザのあるロックリングプライヤーと呼ぶ工具で広げて溝に入れ、穴用は押し縮めて溝に入れる。

(a)外観

軸用スナップリングプライヤ

(b)取り付け方法

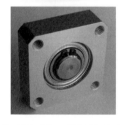

(c)使用例

[図22-2] C型軸用偏心止め輪

2 止め輪の規格

C型軸用偏心止め輪の規格は**表22-1**のように定められている。大きさの数字（呼び寸法）は適用する軸の直径である。たとえば、呼び寸法が10の軸用止め輪は、直径10 mmの軸に溝を作ってはめる。止め輪の内径は9.3 mmで、

[図22-3] E型止め輪と使用例

溝の径は若干大きい9.6 mmなので、はめた後も止め輪の弾力で溝に押し付けられている。一方、溝の幅は止め輪の厚さより広くなっている。

E型止め輪の規格は**表22-2**のとおりである。C型と異なり、呼び寸法が止め輪の内径になっている。たとえば、直径3 mmの軸に底径が2.05 mmの溝を作り、呼び寸法2のE型止め輪を使用する。

表22-3にC型穴用偏心止め輪の規格を示す。呼び寸法は挿入する穴の直径に等しい。工具を入れる小穴部分が内向きの突起であるため、内側に軸が通る場合には、その直径（表22-3のd_5）が制限される。

(a)外観

穴用スナップリングプライヤ
(b)取り付け方法

(c)使用例

［図22-4］C型穴用偏心止め輪

(a)軸用　　　　(b)穴用

［図22-5］C型同心止め輪

［表22-2］E型止め輪の規格（抜粋）

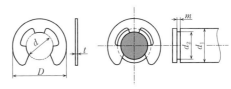

呼び (=d)	止め輪		適用する軸		m
	D	t	d_1 を超え 以下	d_2	
1.5	4	0.4	2.0〜2.5	1.53	0.5
2	5		2.5〜3.2	2.05	
2.5	6		3.2〜4.0	2.55	
3	7	0.6	4.0〜5.0	3.05	0.7
4	9		5.0〜7.0	4.05	
5	11		6.0〜8.0	5.05	
6	12	0.8	7.0〜9.0	6.05	0.9

［表22-1］C型軸用偏心止め輪の規格（抜粋）

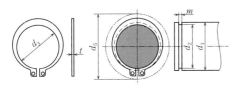

呼び (=d_1)	止め輪		適用する軸		m
	d_3	t	d_5	d_2	
10	9.3	1	17	9.6	1.15
12	10.2		19	11.5	
14	12.9		22	13.4	
15	13.8		23	14.3	
16	14.7		24	15.2	
17	15.7		25	16.2	
18	16.5	1.2	26	17.0	1.35
20	18.5		28	19.0	
22	20.5		31	21.0	

d_5は外側干渉物の最小内径

［表22-3］C型穴用偏心止め輪の規格（抜粋）

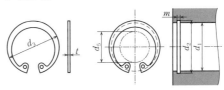

呼び (=d_1)	止め輪		適用する穴		m
	d_3	t	d_5	d_2	
10	10.7	1	3	10.4	1.15
11	11.8		4	11.4	
12	13.0		5	12.5	
14	15.1		7	14.6	
16	17.3		8	16.8	
18	19.5		10	19.0	
19	20.5		11	20.0	
20	21.5		12	21.0	
22	23.5		13	23.0	
25	26.9	1.2	16	26.2	1.35

d_5は内側干渉物の最大外径

Chapter 23　ばね

1 ばねの形

ばねは変形によって力を発生する部品である。さまざまな形状のばねがあるが、もっとも多く使われるのは、**図23-1**のような、線をらせん状に巻いた**コイルばね**である。引きばね（図23-1(a)）は力を加えない状態で線がほぼ密着していて、伸ばして使う。一方、押しばね（図23-1(b)）は線の間隔があいていて、縮めて使う。

図23-2の**板ばね**は、板を曲げるように変形させて使う。大きな力を出すために、板を複数重ねた、重ね板ばね（**図23-5**(d)参照）もある。**図23-3**の**ねじりばね**は、コイルばねと似ているが、伸縮ではなく、端部の角度を変えるように変形させる。

(a)引きばね　　(b)押しばね

[図23-1] コイルばね

[図23-2] 板ばね

2 ばねの製図

コイルばねを単独の部品として詳細に図面にする場合には、**図23-4**のように描き、直径（最外径）を記入し、自然長（無荷重のときの長さ）をカッコつきで記入する。全体の中心線、および素線（らせん線材）の中心をつないだ線を一点鎖線で描く。このほかの線径、巻き数、ばね定数などの情報を別表などにして記載する。ばねを略図として描く場合には、**図23-5**のようにコイルばねとねじりばねはジグザグの線のみ、板ばねは直線のみで描く。

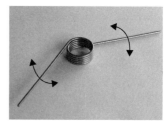

[図23-3] ねじりばね

3 ばね定数

ばねが発生する力は、変形させた量にほぼ比例する。比例定数である（力／変形量）の値を**ばね定数**とよぶ。コイルばねのように長さが変わるものは、**図23-6**のようにばね定数が（力／変位）になる。その単位は、たとえばN/mmである。コイルばねのばね定数kは、材料の横弾性係数G（せん断方向の弾性係数、**Chapter 26**）に比例する。そして、材料の線径が太いほどばね定数が大きく、kは線径dの4乗に比例する。また、コイルの巻き径（ばね全体の直径）が大きいほど、ばね定数は小さく、kは巻き径Dの3乗に反比例する。コイルの巻き数が多いものは、使用する線の全長が長くなるので、ばね定数が小さくなる。ば

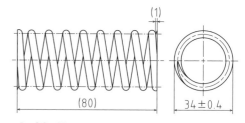

[図23-4] コイルばねの製図

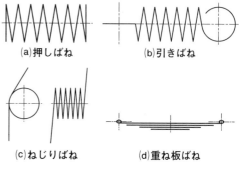

(a)押しばね　　(b)引きばね

(c)ねじりばね　　(d)重ね板ばね

[図23-5] ばねの略図

ね定数kは巻き数nに反比例する。以上をまとめると、次式のようになる。

$$k = \frac{Gd^4}{8nD^3}$$ k：ばね定数、G：横弾性係数（**Chapter 26**）、d：線径、n：巻き数、D：巻き径

なお、kを大きくするために四角断面の線材を用いたもの[**図23-7**]もある。

板ばねのばね定数は、**図23-8**のように1枚の場合で、次のようになる。

$$k = \frac{Ebh^3}{4L^3}$$ k：ばね定数、E：縦弾性係数（**Chapter 26**）、b：板幅、h：板厚、L：板長

ねじりばねは、**図23-9**のように、角度を変えるとトルク（モーメント）が発生する。ばね定数kは次式になる。

$$k = \frac{Ed^4}{64nD}$$ k：ばね定数、E：縦弾性係数（**Chapter 26**）、d：線径、n：巻き数、D：巻き径

ただし、コイルになっていない直線部分の変形は考慮していない。このkの単位は、コイルばね、板ばねと異なり、（トルク／角度）（たとえばNm/rad）である。

4 ばねを使う設計

ばねを機械の中に組み込んだとき、自然長（変形なし）の状態で使うことは少ない。自然長では力がかからず、機械の部品が自由に動いてしまう。一方、限度を超えて変形させるともとにもどらないので、規格の範囲内で使用する。

ばねを使用するおもな設計例を2つ紹介する。1つめは、**図23-10**のように、ほぼ一定の力を発生させる設計である。自然長から長さδだけ変形させて使う場合、発生させたい力をFとすると、ばね定数kは次のようにすればよい。

$$k = \frac{F}{\delta}$$

なお、δを大きく（kは小さく）したほうが、ばねの下端が上下しても力の変動が小さい。つまり、長くて弱いばねを押し縮めて使ったほうが、力が一定に近くなる。

2つめは**図23-11**のように、力が変わると変形量が変わる設計である。2つの位置について発生させたい力W_1とW_2を決めれば、ばね定数kと自然長L_0は次式で求められる。

$$k = \frac{W_2 - W_1}{L_1 - L_2} 、\quad L_0 = \frac{W_2 L_1 - W_1 L_2}{W_2 - W_1}$$

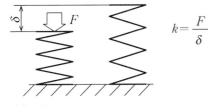

[**図23-6**] コイルばねのばね定数

[**図23-7**] 四角断面線のコイルばね

[**図23-8**] 板ばねのばね定数

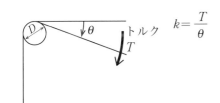

[**図23-9**] ねじりばねのばね定数

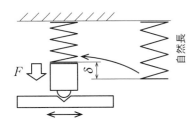

[**図23-10**] 一定力を発生する設計

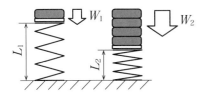

[**図23-11**] 2地点で発生する力を設計

Chapter 24 金属材料と樹脂材料

機械材料としてよく使われる金属と樹脂の代表的なものについて、知っておこう。

1 鉄と鋼

機械には、鉄を主成分とした材料が多く使われる。その理由は、鉄が地球上に多く存在して安価だからというだけではなく、機械材料として非常に好都合な特性[注1]をもつからである。しかし、鉄だけの純粋な材料は強度があまり高くない。より強度を高めるために、鉄に炭素やクロム、ニッケル、コバルト、モリブデン、バナジウムなど、ほかの元素を少量加えたものを**鋼**(steel)と呼ぶ。たとえば、ドリルの刃は鉄が主成分の鋼であるが、それを使って鉄板に穴があけられる。鉄板よりドリルの刃のほうが炭素が多く、**焼き入れ**[注2]とよぶ熱処理によってずっと硬くなっているからである。ほかにも**表24-1**のように、歯車に使う鋼、軸に使う鋼、ねじに使う鋼など、それぞれの用途に適した特性をもつように元素配合や熱処理方法が考えられている。また、**ステンレス鋼**(一般にステンレスと呼ばれる)も鉄を主成分とした合金で、さびにくい性質がある。

なお、表の左の記号はJISに定められたもので、図面の部品欄の材料の項目にはこの記号を書けばよい。

2 アルミニウム

鉄以外の金属(非鉄金属と総称することが多い)では、**アルミニウム合金**(**表24-2**)がよく使われる。鉄と同様に、純粋なアルミニウム元素のみでは機械材料として弱く、合金として使うことが多い。航空機などに使われる**ジュラルミン**と呼ばれる材料は、アルミニウムに銅やマグネシウムを混ぜた合金である。純粋なアルミニウムよりも2〜5倍くらい強い(大きな力を加えても破断しない)。

3 銅

銅の合金(**表24-3**)は電気をよく通す性質があり、純粋な銅は電線に用いられる。また、銅と亜鉛の合金である**真ちゅう**は加工が容易である。**りん青銅**は、銅に錫とリンを加えたもので、弾性域が広く(大きく変形してももとに

[表24-1] 鉄鋼系材料

記号	名称 / 特徴と用途例
SS400	一般構造用圧延鋼板 引張強度400 MPa 鉄骨
S45C	機械構造用炭素鋼 炭素0.45% 歯車
SK120	炭素工具鋼(旧SK2) 炭素1.2% ドリル
SCM435	クロムモリブデン鋼 炭素0.35%、強度が高い ねじ
SUJ2	高炭素クロム軸受鋼 steel, use, journalの頭文字 ベアリング、軸
SPCC	冷間圧延鋼 一般の薄板加工品 蝶番など
SUS303	ステンレス鋼(快削) クロム18%、ニッケル8% 少量の硫黄、セレン、リン
SUS304	ステンレス鋼(一般) クロム18%、ニッケル8% 耐食性はSUS303より高い
SUS316	ステンレス鋼(高耐食) クロム18%、ニッケル12%、モリブデン2.5% 海水に触れるバルブなど

注1) 強度が高いだけでなく、力をくり返し加えても劣化(疲労という)しない変形範囲がはっきりしている(**Chapter 26**)

注2) 高温にした材料を急激に冷やすことを「焼き入れ」という。材料が硬くなる反面、もろく(折れたり欠けたりしやすい)なる。そこで、焼き入れの後に、若干低い温度に再加熱してから徐々に冷却する「焼きなまし」をおこない、もろさを減らし粘り強くする。

[表24-2] アルミニウム材料

記号	名称
	特徴と用途例
A1050 A1100	アルミニウム（ほぼ純粋） やわらかい、曲げのばし容易 アルミケース、容器
A2017	ジュラルミン 銅、マグネシウムを含む 航空機、ロボット
A2024	超ジュラルミン 銅、マグネシウムがやや多く、高強度
A5052 A5056	耐食アルミ合金 一般用途
A6063	アルミニウム（押出加工用） マグネシウム、シリコン含有 アングル、パイプ、アルミサッシ枠
A7075	超々ジュラルミン 高強度 耐食性がよくない

(a)

(b)

(a) 炭素が多い硬い鋼
(b) 炭素が少ない柔らかい鋼

[図24-1] 炭素鋼の棒を曲げたときの違い

[表24-3] 銅合金材料

記号	名称
	特徴と用途例
C1100	タフピッチ銅 純度が高い銅、電気抵抗小 電線
C3604	快削黄銅、真ちゅう 加工が容易 小歯車
C5191	りん青銅 大きく変形しても戻る ばね、コネクタ接点

戻る、Chapter 26)、電気接点のばねに使われる。

4 樹脂

　樹脂（プラスチック）の材料は、金属よりも弱いが、軽いという長所がある。比重は1〜1.5ほどである。板の場合には、少し厚くするなど形を工夫すれば丈夫にでき、金属の代わりに使える。たとえば扇風機の羽根は昔は金属であったが、樹脂に代わった。また、プラスチックという名 (plastic：塑性＝変形がもとに戻らない) に反して、変形してもほぼもとに戻るものも多い。いまや金属のバケツより樹脂のバケツのほうが一般的なのは、軽い上に曲がってももとに戻る丈夫さのためである。一方、耐熱性は金属にはおよばない。ふつうの扇風機の羽根には樹脂が使えるが、耐熱性が必要な業務用の厨房の換気扇には使えない。

　樹脂の特徴は、このほかに、電気を通さないこと、熱を伝えにくいことである。電源コンセントの接点のまわりは電気を通さない樹脂であるし、鍋の持ち手に樹脂が多いのは熱くならないからである。

　樹脂製品の多くは、溶けた樹脂を金型に注入して固める**射出成形**で作られる。**ポリエチレン**（バケツやまな板の材料）のように、その後の加工はしにくい（切削しにくい）ものも多い。一方、エンジニアリングプラスチックと分類される樹脂（**表24-4**）は、切削加工がしやすく、板材や棒材を加工して部品を作るのに適している。

[表24-4] エンジニアリングプラスチック材料

名称	特徴
	用途例
ポリアセタール（POM）	強度は中程度、加工容易 歯車
MCナイロン	比較的高強度、加工容易 歯車
ポリカーボネート	透明、高強度、割れにくい ねじ、波形屋根板
ABS	射出成型しやすい、軽量 事務用品、ヘルメット
フッ素樹脂（PTFE） 商品名テフロン	摩擦小、耐熱、やわらかい パッキン、コーティング
PEEK	高強度 ねじ

Part 2 練習問題

問18-1 ねじ〈ピッチ〉

厚さ4 mmの板にM5（ピッチ0.8 mm）の貫通のめねじを作った。らせんは何周あるか。ただし、面取り部はないものとする。

問18-2 ねじ〈ねじの強度〉

図Ⅱ-1のように、1000 Nの荷重をささえるフックを2本のねじで固定する。強度を考慮してねじの太さを設計しなさい。ただし、使用できる各ねじの許容張力は下表のとおりとし、フックを取り付ける際の締め付けトルクによって、この値の70%まで張力が発生する（フックに荷重がかからなくてもねじに張力がかかっている）ものとする。また、安全率を3（3倍の荷重に耐えられるよう設計する）とする。

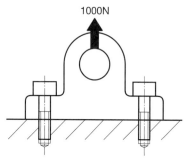

［図Ⅱ-1］ねじで固定するフック

ねじ径	許容張力 (N)
M3	1000
M4	1800
M5	2800
M6	4000
M8	7300
M10	12000

問18-3 ねじ〈ねじの軸力〉

リード4 mmのボールねじに1 Nmのトルクを加えたときの軸力は何Nか。摩擦を無視した値を求めなさい。

問18-4 ねじ〈各種ねじの特徴〉

次の①〜③のうち、まちがっているものはどれか。

① テーパねじと平行ねじは組み合わせられない。
② 細目ねじは並目ねじより折れやすい。
③ 強度区分12.9のねじは4.8のねじにくらべ、同じ径でも約3倍の締め付け軸力が出せる。

問19-1 歯車〈モジュール〉

モジュール0.8で歯数が60枚の平歯車のピッチ円直径はいくらか。

問19-2 歯車〈歯車の軸間距離〉

モジュールが1.5で、歯数が18枚と30枚の平歯車をかみ合せるときの軸間距離は何mmか。

問19-3 歯車〈歯車の力〉

モータにモジュール0.8で歯数20の平歯車をつけ、ラックギヤとかみ合せた。モータの回転数が毎分600回転、トルクが0.1 Nmのとき、ラックギヤの速度と軸力を求めなさい。ただし、伝達損失は無視できるとする。

問20-1 軸受〈基本簡略図示方法〉

形式番号6002（p.073表20-1参照）の深溝玉軸受けの断面を現尺の基本簡略図示方法で描きなさい。

問20-2 軸受〈比例寸法図示方法〉

内径35、外径80、厚さ21の深溝玉軸受の断面図を比例寸法図示方法で描きなさい。

問20-3 軸受〈ベアリングの許容荷重と寿命〉

図Ⅱ-2のようにラジアル方向に合計1000 Nの力がかかるプーリーを2個のベアリングでささえる。この機械は毎分1000回転で1日8時間運転し、2000日の寿命をもたせたい。内径10 mmのベアリングを使用するとして適切なものを、下表の中から選びなさい。

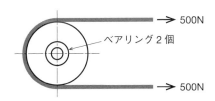

［図Ⅱ-2］1000 Nの力をささえる軸受

形式	基本動定格荷重(N)
6700	850
6800	1800
6900	2700
6000	4500
6200	5100
6300	81000

問21-1 キー結合〈キーの選択〉

直径40の軸に適切なキーを付け、その部分を軸方向から見た図を描きなさい。ただしハブは描かなくてよい。

問21-2 キー結合〈キーの使用法〉

次の①〜③うち、平行キーについての記述としてまちがっているものはどれか。

① 平行キーは、軸にキーを入れると、きつくはまって取れなくなり、その後にキー溝のあるハブをかぶせる。
② 断面が長方形のキーは、長い辺を軸の半径方向にして使う。
③ 1つの軸径に対して使用できるキーのサイズは1種に限定される。

問22-1 止め輪〈止め輪を使う設計〉

φ3の軸の端から2 mm内側に挿入された部品を呼び径2のE型止め輪を用いて抜けないようにしたい。p.079表22-2を参照し、軸の設計をしなさい。軸端付近のみの図面でよい。

問22-2 止め輪〈止め輪と溝のサイズ〉

次の①〜③のうち、まちがっているものはどれか。

① 軸用止め輪をはめる溝の底の径は、止め輪の内径より若干大きいため、軸にはめた止め輪は空転しない。
② 止め輪用の溝幅は、止め輪の厚さより広いため、止め輪で止めた部品は軸方向に若干の遊びが生じる。
③ C型止め輪用の溝にE型止め輪をはめてもよい。

問23-1 ばね〈一定力を出したいときのばね定数〉

受圧面積が10 mm²の図Ⅱ-3のような安全弁が0.8 MPaで作動するようにするには、ばね定数を何N/mmとすればよいか。ただし、ばねが自然長より5 mm縮んだ状態で弁が閉まるようにする。

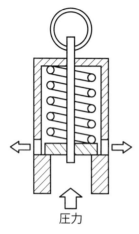

[図Ⅱ-3] 安全弁のばね定数

問23-2 ばね〈力に応じて変位させたい場合のばね定数〉

図Ⅱ-4のように、トレイを乗せた枚数に応じて台が上下し、いちばん上のトレイの高さが一定に保たれる装置を設計したい。トレイ1枚の厚さは5 mm、質量は0.1 kgとする。使用するばねは、ばね定数kが何N/mmのものにするのがよいか。重力加速度を9.8 m/s²とする。

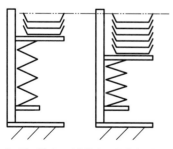

[図Ⅱ-4] トレイ上端を一定高さに保つ

問23-3 ばね〈ばねの寸法とばね定数〉

次の①〜③のうち、まちがっているものはどれか。

① コイルばねは材質と線径が同じなら、巻き径が大きいほうがばね定数が大きい。
② 板ばねの厚さを2倍にすると、ばね定数は4倍になる。
③ ばね定数が大きいばねほど、大きな荷重を加えられる。

問24-1 金属材料と樹脂材料〈材料の選定〉

次の①〜⑬うち、樹脂ではむずかしく、金属製が望ましいものはどれか。理由も説明しなさい。また、金属では不可能なものはどれか。

①釘、②電線、③放熱版、④鍋、
⑤ハンダゴテの先、⑥窓、⑦ハンダゴテの柄、
⑧船のいかり、⑨CDの板、⑩ねじ、⑪ばね、
⑫軸受、⑬歯車

問24-2 金属材料と樹脂材料〈材料の選定〉

次の①〜④のうち、まちがっているのはどれか。

① ステンレスの主成分は鉄である。
② ジュラルミンはアルミニウム合金の一種である。
③ S45Cには炭素が4.5%含まれる。
④ クロムモリブデン鋼は、強度の高いねじなどに使われる。

Basic Mechanical Design Drafting　Part 3　設計

Chapter 25 | 加工方法と組立精度を考えた設計

1 作れない形

部品を設計するときには、加工方法を考えておかなくてはいけない。まず第一に、作れないものを設計してはいけない。また、製作可能でも非常にコストがかかる設計は、できれば避けたい。たとえば、**図25-1**のような形は、通常の加工方法では作れない（理由は4節参照）が、コストのかかる特殊な方法を使えば可能である。この形がどうしても必要で、そのコスト分の価値がある場合に限って、この設計が妥当なものといえる。

2 加工方法とコスト

通常の加工方法で製作できる形でも、やはりコスト（材料費や加工費）の大小は考慮して設計すべきである。とくに、大きな寸法の材料から多くの切りくずを出して部品を削り出す形状は、避けたほうがよい。**図25-2**(a)のように、大部分が細い円筒で一部が太い円板になっている形状が、その例である。これを作ろうとすると、はじめに全体が太い材料を用意して、細くしたい部分を全部削りこんでいかなければならない。また、図25-2(b)のような箱型をつくるとすると、直方体の内部をすべて削り取る加工になる。図25-2(c)のような一部に突起のある形状を作るには、厚い板を用意して、ほとんどの部分を薄く削る必要がある。これらの作り方は、材料費が高くなるとともに、加工に用いる機械が大型になったり、加工時間が増えたりして、加工費が高くなる。複数部品の組み立て式にしたほうが安いであろう。これらのいわゆる**一体成型**の切削加工を採用するのは、コスト高を承知のうえで、精度や強度を優先する場合のみにしたほうがよい。

これに対して、削り取る部分と残す部分の割合が逆転した、大部分を残して一部を削り取る、**図25-3**にあるような形状は、一体の材料からつくるとよい。

なお、切削加工以外の製造法では、状況が異なる。材料が樹脂の場合、金型を作って樹脂を注入する製造法なら、一体成型品が容易に製作できる。はじめに要する金型製作のコストは高いが、単品の製作コストは安い。金属でも、砂

[図25-1] 加工できない四角い凹み形状

(a)一部が太い

(b)大きな箱　　(c)一部突起

[図25-2] 削り量が多くコストがかかる形状

(a)端部段付き

(b)溝付き　　(c)周囲段付き

[図25-3] 削り量が少なく加工しやすい形状

(a)穴あけと切り欠き

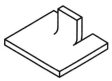

(b)折り曲げ

[図25-4] 加工しやすい薄板部品

で作った型などに溶けた金属を流し込む**鋳造**によって製作する場合は、一体成型品が容易にできる。ただし、軸受用の穴など、精度を要する部分は追加工として切削が必要である。

また、近年急速に普及した3Dプリンタによる部品製作では、部品の形状とコストとの関係が一変した。たとえば図25-1のような、削って加工するのはむずかしい形状も容易に製作できるようになった。ただし現状では、通常の3Dプリンタで扱えるのは樹脂材料に限られる。また、精度は切削加工品にはおよばない。これらの特性を理解して使えば、有望な製作法である。

3 薄板形状の部品

図25-4のような薄板状の部品は、図25-5のようにプレス機械（大きな力で上下の工具を押し付ける機械）による切断、穴あけ、折り曲げをおこなって製作する。このような加工を**板金加工**という。加工が速くでき、コスト面で有利である。3種類の板金加工について、くわしく見ていこう。

図25-5(a)の切断法は**シャーリング**と呼ばれる。直線の刃で切るので、部品の外形が直線の場合に限られる。コーナーシャーと呼ばれるL字の刃をもつ機械もあるので、図25-4(a)上のような直角の切り欠きも可能である。

図25-5(b)のパンチ（上側の工具のこと。下の穴側の工具をダイと呼ぶ）を用いると、板を円形に打ち抜いて穴をあけることができる。大径のパンチもあり、φ50のような大きな穴もあけられる。また、図25-4(a)左のような円弧の切り欠きも可能である。四角形の角パンチという工具もあり、四角穴をあけることもできる。

図25-5(c)の折り曲げでは、いっきに曲げれば丸みのほとんどない鋭利な直角をつくれる。曲げる位置を少しずつずらして、多数回の曲げをおこなえば、任意の丸みの加工ができる。また、通常、工具はさまざまな長さが用意され、材料の一部分のみを曲げる、図25-4(b)のような加工もできるようになっている。

4 四角形状の部品

四角に近い部品（図25-3(b)(c)など）は、ブロック材から**フライス盤**、あるいは**NC工作機**による切削加工でつくる。図25-6のように、円筒形の**エンドミル**と呼ぶ刃物で削る。刃物が円筒形なので、部品の内側のコーナーは図

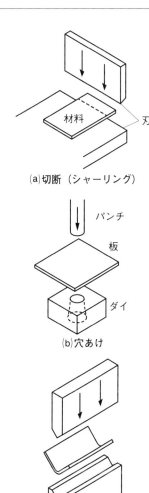

［図25-5］板金加工

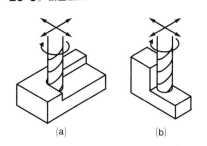

［図25-6］エンドミルによる切削加工

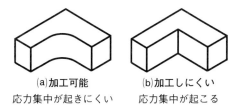

［図25-7］内側コーナーの形状

25-7(a)のように、丸みのある設計とする。もし、丸みなしで角のある内側コーナーが必要ならば、図25-6(b)の向きで加工することもできる。ただし、図25-7(b)のように奥の方にある直角コーナーは、この部品を立てて図25-6(b)のように加工しようとしても、削る深さに対してエンドミルの長さが足りず、製作できないこともある。なお、内側の角の丸みの半径は、手動のフライス盤を用いる場合は、エンドミルの半径に等しくする必要がある。一方、NC加工では、エンドミルの半径以上であれば、大きくてもよい。また、このような丸みをつけることは、角の部分に大きな力がかかる**応力集中**を緩和するためにも有効な設計である。もし、内側の角が鋭利であると、全体を曲げる力によって角に亀裂が生じやすい。

フライス加工では、**図25-8**(a)のように板やブロックの一部の厚さを薄くする加工もできる。また、25-8(b)のような円形の凹みの加工もできる。円の径は、手動のフライス盤では刃物の径に等しいものに限られるが、NC工作機であれば、刃物径以上の任意の径でできる。

また、フライス加工では、円筒形、あるいは先端が球形の刃物を回転させて削るため、**図25-9**(a)のような3面の直角コーナーは製作できない。型彫り放電などの特殊加工が必要である。また、図25-9(b)のような四角穴も製作できない。ワイヤ放電加工、レーザーカットなどが必要である。

なお、すべてのフライス加工を1面のみからおこなえるようにすると、部品を加工機械に取り付けるのが1回で済み、加工費が安くできる。これは、手動の加工でもNC加工でも同様である。

5 円筒形状の部品

円筒を基本形とする部品は、**図25-10**のような**旋盤**加工で製作する。材料を回して刃物（**バイト**という）を当てて削っていく。図25-3(a)の形状は旋盤で製作できる。いろいろな形状のバイトを使うことにより、図25-10のような左コーナー、右コーナー、溝が加工できる。また、図25-10右のように材料の内側を削る中ぐり加工も可能である。

図25-11のような形状は、内側の穴の段を作るのに表裏両面から削る必要がある。旋盤加工の途中で部品を反転して取り付け直すと、同心（2つの円筒の中心軸が一致する）精度が悪くなりやすい。設計においては、幾何公差を

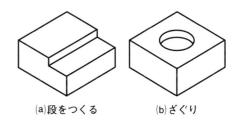

(a) 段をつくる　　(b) ざぐり

［図25-8］フライス加工によってできる形状

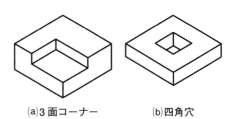

(a) 3面コーナー　　(b) 四角穴

［図25-9］加工できない四角形状

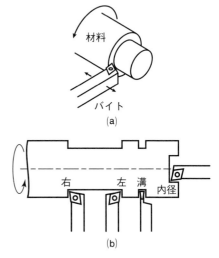

［図25-10］円筒部品の旋盤加工

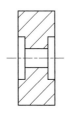

［図25-11］両側から削るために旋盤加工中に反転が必要な形状

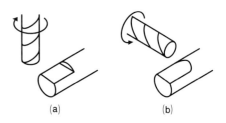

［図25-12］円筒のD字加工

Chapter 25 | 加工方法と組立精度を考えた設計

指定すれば精度を保証できるが、それを実現するための加工には慎重な作業を要する。

円筒形の部品でも、一部を平面や四角に加工する場合は、前述のフライス加工が必要になる。たとえば**図25-12**のように、軸に部品固定のための平らな部分を設けてD字型にする加工である。なお、この加工は、図25-12(a)のようにエンドミルの正面で削ると端が直角、(b)のように側面で削れば丸みのついた端となる。

6 組立精度を実現する設計

機械の設計では、組み立てるときに位置合わせの精度を確保するための工夫が必要である。図25-13(a)のように、部品Bの上に部品Aを乗せてねじ止めするだけでは、横方向の位置精度が低い。ねじの通り穴はねじ径よりも大きいため、そのぶんだけ横にずれて組み立てられる可能性がある。部品Aがたんなる蓋ならば位置精度は要求されないが、AB間の位置精度が必要な部分には好ましくない。また、図25-13(a)では、ねじの締め付けが不足していると、使用中に横向きの力がかかったときにAB間に横ずれが生じてしまう。

そこで、図25-13(b)のように段をつくり、そこに押し当てるようにして組み立てれば、ねじ穴の位置ではなく、段の位置によって組み立て精度を確保できる。ただし、横ずれ（図では部品Aが左にずれる）しないように、ねじ止めは強固にする必要がある。また、図25-13(c)のように、2つの部品に通し穴をあけてスプリングピンを挿入したり、図25-13(d)のように位置決めピン（一方はダイヤ型）を使用すると、横ずれが生じない。

図25-14(a)のような円筒形の部品どうしを合わせるときは、同心精度を高めるために、凹凸によるはめ合わせをするとよい。これを**インロー**（語源は「印籠」）と呼ぶ。たとえば、**図25-15**のような円板と軸をつなぐハブと呼ぶ部品（ハッチング部）は、(a)のように平面部を合わせるのでなく、(b)のようにインロー形状にしたほうがよい。また、(c)のように中央の軸を通して位置合わせをすることもできる。

さらに高い同心精度と強い結合を実現するのが、図25-14(c)のような**テーパ結合**である。押し込むことによって、直径方向にも圧力が生じる。横ずれ防止だけでなく、図25-14(a)(b)ではできない回転力の伝達もできる。

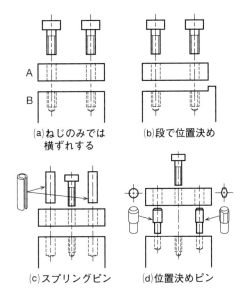

(a)ねじのみでは横ずれする　(b)段で位置決め
(c)スプリングピン　(d)位置決めピン

[図25-13] 段やピンによる組立精度の確保

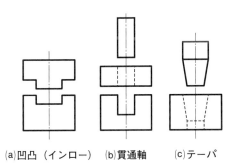

(a)凹凸（インロー）　(b)貫通軸　(c)テーパ

[図25-14] 円筒形部品の同心精度の確保

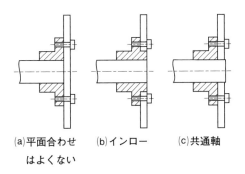

(a)平面合わせはよくない　(b)インロー　(c)共通軸

[図25-15] ハブ部品の同心精度とずれ防止

Chapter 26 | 機械材料の性質

1 機械設計のための材料力学

機械を構成する部品を適切に設計するためには、機械材料の特性をよく理解する必要がある。たとえば、離陸後の飛行機の主翼は、**図26-1**のように大きくたわむ。したがって主翼の設計時には、どのくらい変形するか、どのくらい変形に耐えられる翼にすればよいかを計算する。その計算に必要な材料力学を理解していれば、適切な設計が可能となる。

[図26-1] 飛行機の主翼

2 応力とひずみ

本節では、材料力学における重要な概念として**応力**と**ひずみ**を簡単に解説する。**図26-2**のように、棒状の機械材料（棒材）に対して軸方向の引張荷重が加わった状況を考えよう。このとき、材料の内部に外部荷重と釣り合う力（**内力**）が発生する。応力とは、この内力を材料の断面積で割って得られる、単位面積当たりの力である。また、材料は荷重に応じて変形するが、ひずみはその変形の程度を定義するものである。具体的には、材料のもとの長さに対する伸びの割合で表される［**図26-3**］。また、軸方向のひずみを**縦ひずみ**と呼ぶ。通常、ひずみは応力に比例する。

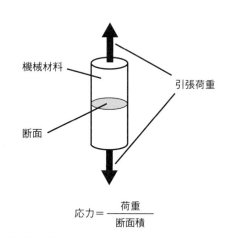

[図26-2] 引張荷重と応力

2.1 | 引張試験と応力-ひずみ線図

機械材料の変形について、引張試験を例にとって説明する。**引張試験**は、材料の特性を調べる方法の一種である。引張試験では、試験片の両端を軸方向へ引張り、引張荷重を徐々に大きくして試験片を破断させる。そのあいだ、加える引張荷重の変化と試験片の変形量を計測・記録し、引張荷重は試験前の断面積で割って公称応力に、変形量はひずみに変換する。結果として、**図26-4**のように、横軸をひずみ、縦軸を公称応力としたグラフが描ける。これを**応力-ひずみ線図**という。

無負荷（応力＝0）の状態から引張荷重を加えていくと、しばらくは応力に比例してひずみも大きくなる。この範囲の変形は、荷重を除くともとに戻る。この範囲の変形を**弾性変形**と呼び、弾性変形における応力とひずみの比例関係を**フックの法則**と呼ぶ。さらに、この比例定数を**縦弾性係数**（ヤン

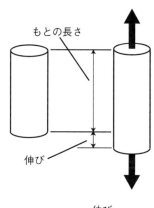

[図26-3] 引張荷重とひずみ

Chapter 26 | 機械材料の性質

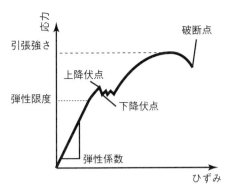

[図26-4] 応力-ひずみ線図（軟鉄）

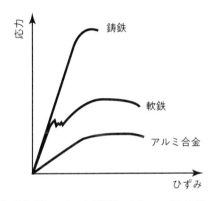

[図26-5] 特性の違う材料の応力-ひずみ線図

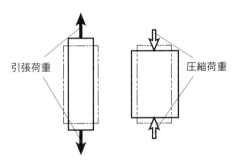

[図26-6] 引張荷重と圧縮加重

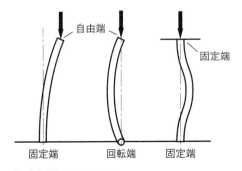

[図26-7] 座屈の種類

グ率）と呼ぶ。応力がある大きさを超えると、荷重を除いても変形はもとに戻らなくなる。この限界の応力を**弾性限度**という。また、残ったひずみを**永久ひずみ**と呼ぶ。さらに引張荷重を大きくしていくと、ある点を境にひずみのみが増加して応力は増加しない状態が続く。この点を**降伏点**（材料によっては値に幅があり、上降伏点と下降伏点に分けることもある）、この状態の応力を**降伏応力**と呼ぶ。降伏点を過ぎた後も永久ひずみをともなう変形が続き、最後に材料は破断する。弾性限度以降の不可逆的な変形を**塑性変形**と呼ぶ。

図26-4に示した引張試験の結果は一例にすぎず、試験片の材料ごとにさまざまな応力-ひずみ線図が描けることが知られている[図26-5]。

2.2 | 設計において留意すべき点

機械部品が塑性変形を起こすと、永久ひずみの影響で、期待した動作や機能が得られない可能性がある。そこで、部品を設計する際は、想定される最大の外部荷重が作用しても、その部品が塑性変形を起こさないようにすべきである。

3 機械材料の強さ

機械材料がどの程度の荷重まで耐えられるかを表す指標が、**強さ**である。強さにはさまざまな種類がある。つまり、同じ材料でも荷重が加わる方向や、形状によって示す強さは異なる。そのため、部品の用途に合わせて必要な性質（強さの種類）をもつ材料を選択しなければならない。

3.1 | 引張強さと圧縮強さ

引張強さとは材料が引張荷重に耐える強さを表す指標で、機械的性質の中でもとくによく使われる[図26-4]。2.1項で紹介した引張試験は、この強さを測定するためのものである。引張荷重とは逆向きの荷重（圧縮荷重：図26-6）に対する強さを**圧縮強さ**という。

棒材の端部へ圧縮荷重を加えると、材料の圧縮強さの限界へ達する前に、図26-7のように変形が生じる。この変形を座屈と呼ぶが、棒材の端部を固定する条件によって、座屈のしかたは異なる。また、座屈が発生する荷重は、引張強さと比較するとはるかに小さい。そのため、同じ機械材料を用いる場合も、圧縮荷重を受ける部品は引張荷重を受ける部品より太くする必要がある。

3.2 | 曲げ強さ

材料を曲げようとする荷重［図26-8］に対する強さを**曲げ強さ**と呼ぶ。実際に材料を曲げたとき、図26-9のように、曲げの内側は縮んで圧縮応力が生じ、外側は伸びて引張応力が生じる。また、材料の中心部（荷重に対して垂直な断面の中央部分）の長さは変化しない。この変化しない面（曲げ方向に垂直な断面で考えた場合は線）を**中立面**と呼ぶ。このとき、応力の大きさは中立面からの距離に比例する。厚い材料のほうが断面内の応力によるモーメント（断面二次モーメント）が大きくなり、大きな曲げモーメントに耐えられる。これにより、曲げ強さが大きくなる。

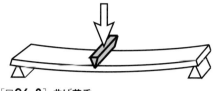

［図26-8］曲げ荷重

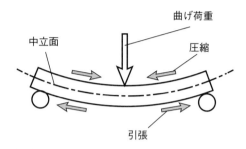

［図26-9］曲げ荷重による応力

3.3 | ねじり強さ

一端を固定した棒材をねじったときの変形を考えよう。［図26-10］。ねじり変形の大きさは図26-10のねじり角の大きさで表される。ねじり角の大きさは固定端でゼロ、それ以外の断面では固定端からの距離に比例して大きくなる。ねじりモーメントに対する強さを**ねじり強さ**と呼ぶ。ねじり角を小さくするためには、棒材の直径を大きくするか、棒材を短くする必要がある。

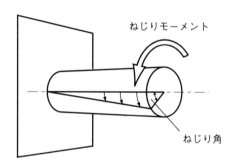

［図26-10］ねじりモーメント

3.4 | せん断強さ

ハサミで切断するときに作用する、逆方向へたがい違いにずらし切ろうとする荷重をせん断荷重と呼び、それに対する強さを**せん断強さ**と呼ぶ［図26-11］。弾性変形の域内では、せん断荷重に比例したせん断ひずみを発生し、この比例定数を**横弾性係数**（剛性率）と呼ぶ。せん断強さが重要になるのは、複数の部品を貫通するリベットや位置決めピンなどの棒材である。いずれかの部品がずれると、その棒材にはせん断荷重がかかる。棒材が受けるせん断荷重の大きさを正確に見積もり、設計に生かす必要がある。

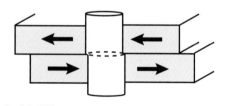

［図26-11］せん断荷重

4 材料の硬さと粘り強さ

機械材料の特性の中で、強さとともに重要なのが**硬さ**である。これまで説明した強さは材料全体の変形であったが、硬さとは、材料の表面にほかの物体が接触して力が加わった際に、その表面で起こる変形（くぼみや傷など）の大小を示したものである［図26-12］。その大きさは、異なる硬さ試験の方法によって測定され、表される。硬い材料は

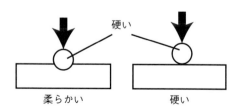

［図26-12］機械材料の硬さ

変形しにくく、逆に軟らかい材料はちょっとした接触でも表面に傷が入ったり、凹んでしまったりする。使用する機械部品に硬さが必要な場合は、硬い材料を選定するか、加工後に硬さを向上させる焼き入れをおこなう。

ここで注意したいのは、一般的に硬い材料はもろいという特性（**脆性**と呼ぶ）を合わせ持つことである。もろい材料は、瞬間的な荷重（衝撃力）が作用すると破損しやすい。そこで、衝撃力を受けても破損しにくい特性として、粘り強さ（**靭性**）も重要である［図26-13］。歯車などの機械部品は、熱処理によって表面のみを硬くし、内部は靭性を残して折れにくくする、という工夫がなされている。

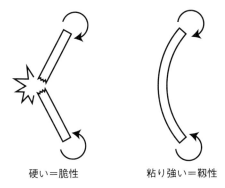

［図26-13］機械材料の粘り強さ（靭性）

5 材料の剛性

材料が荷重を受けた際の、変形のしにくさを**剛性**と呼ぶ。部品に高い剛性をもたせる方法として、大きく2通りが考えられる。ひとつは、弾性係数が大きい材料を選ぶこと、もうひとつは、機械の構造的な工夫である。

5.1 ｜ 材料を選ぶ

弾性係数の大きい材料を使うと、剛性が高まり荷重に対する変形は小さくなる。しかし、一般的に弾性係数の大きい材料（鉄やタングステンなど）は比重が大きく、軽量化が必要な部品には向かない。一方、比重が小さいアルミ合金やマグネシウム合金は、弾性係数がそれほど大きくない。したがって、鉄などと同程度の剛性をもたせるためには板厚を増やすなどの対策が必要で、そのぶん重量が増えてしまう。

5.2 ｜ 構造を工夫する

図26-14は、一端を固定した3種類の棒材の自由端に、同じ大きさの下向き荷重（曲げ荷重）を加えたようすである。まず、左と中央をくらべてみると、厚みが薄いほどたわみが大きいことがわかる。逆にいえば、曲げに対する剛性を高めるには、曲げ荷重の方向に部品を厚くすればよい。板厚が2倍になると、たわみは8分の1になることが知られている。ただし、単純に部品を大きくすれば、当然重量が増える。

そこで、部品をパイプ状にするのが有効である。図の中央と右をくらべると、部品をパイプ状にしてもたわみはそれほど大きくなっていない。このように構造的な工夫により、剛性と軽量化の両立をはかれる。

> **鉄とアルミはどちらが軽い？　どちらが強い？**
>
> 鉄（SS400）とアルミ合金（A2017）の密度はそれぞれ、7.9 g/cm³ と 2.7 g/cm³ である。したがって、同じ体積で重量をくらべれば、アルミ合金は鉄の約1/3しかない。またヤング率は、鉄では192.1 GPa、アルミ合金では69.1 GPa で、やはり鉄のほうが約3倍大きい。
>
> 鉄とアルミ合金で同じサイズの板材を作れば、鉄のほうが3倍強い（変形しにくい）が、重さも3倍になる。では、面積と重さの等しい板材を作った場合はどうだろうか。まず、アルミ合金のほうが3倍厚くなる。たわみにくさは板厚の3乗に比例するため、同じ荷重を加えたときの変形量は、アルミ合金では鉄の1/9になる（アルミ合金のほうが強い）。

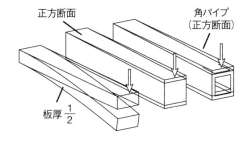

［図26-14］断面形状と剛性の違い

Chapter 27 軸受の支持設計

機械の回転軸を支持する部分をおさまりよく設計することは、重要な技量のひとつである。軸がしっかり支持され、回転する部分が軸方向に移動せず、組み立てがしやすい、などの項目を満たしながら、できるだけコンパクトに、部品点数が少なくなるように設計する。

(a)片持ち軸　(b)両持ち軸

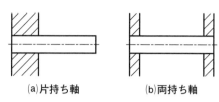

［図27-1］片持ちと両持ち

1 片持ちと両持ち

図27-1(a)のように軸の片側を支持して軸を突き出して使用する構造を**片持ち軸**、(b)のように軸の両端を支持して中央部を使う構造を**両持ち軸**という。片持ち軸は、軸が傾かないように強固に支持するとともに、軸自体も曲がらないように太めでなければならない。

(a)軸が傾かないよい例　(b)軸が傾く悪い例

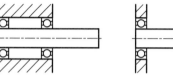

［図27-2］軸受は2点にする

2 軸受の個数と間隔

回転する軸は、**図27-2**(a)のように2点でささえるのが基本である。図27-2(b)のように1つのベアリング、とくに一般的な深溝玉軸受（**Chapter 20**）だけでは、軸の傾きをしっかりささえられない。

片持ち構造の場合、**図27-3**(a)のように間隔の狭い2点支持では軸が傾きやすい。軸が傾かないように軸受の間隔を広く（図27-2(a)のように）したほうがよい。軸受部には、微小ではあるが遊び（ガタつき）があり、軸受の間隔が狭いと、2つの軸受部が逆方向にずれて軸の角度が大きく変わってしまう。

回転する部品（図27-3では歯車）と軸が回転自在でもよい場合、図27-3(b)のように軸が回らない構造にすることもある。この場合は、軸を固定する部分をしまりばめ（**Chapter 14**）にして遊びをなくせば、軸の傾きを防止できる。ただし、歯車が大径の場合、軸に対して歯車が傾く問題が生じる。図27-3(c)のように、歯車のハブの厚さを利用してベアリングの間隔を確保すると、傾きにくくなる。

(a)軸受間隔が狭いと軸が傾きやすい

(b)軸は傾かないが歯車が傾きやすい

(c)歯車が傾きにくい

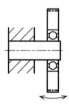

［図27-3］片持ち軸の軸受間隔は広くする

また、**図27-4**のように軸を支持する軸受が3か所以上あるのは、通常望ましくない。3点が正確に一直線になっていないと、組み立て時に軸が挿入できないためである。また、軸を入れてから軸受をねじ止めなどすると、無理な力が加わることもあり、回転がなめらかでない。軸受を3

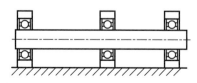

［図27-4］軸を支持する軸受を3つ以上にすると軸を曲げる力がかかって回転しにくい

Chapter 27 | 軸受の支持設計

つ以上にするのは、軸受の中心が精度よく一直線になるような、一体部品に軸受を同時に加工する場合（エンジンブロックなど）に限ったほうがよい。

3 回転部と固定部の接触回避

歯車などの回転する部品とフレームなどの回転しない部品は、接触しないようにする。**図27-5**(a)のように歯車の側面がフレームに接触すると、回転の抵抗になる。

接触を回避するには、図27-5(b)のように薄いパイプ状のスペーサを入れて間隔を確保するとよい。スペーサはベアリングの内輪だけに接するように、外径の小さいものを用いる。また、スペーサを用いず、図27-5(c)のように段付きの軸にしてもよい。

なお、図27-5はいずれも、回転軸は軸方向（図の左右方向）に動かないものとする。実際に動かないようにする方法は、次節に説明する。

4 軸とベアリングの抜け止め

フレーム、ベアリング、軸を組むとき、**図27-6**のように差し込むだけのような構造では、軸がずれて抜けてしまう。軸が抜けないように、どこかで固定する必要がある。また、ベアリングもフレームから抜けないように固定しなければならない。じつは図27-2〜27-5は、軸やベアリングが抜けないように考慮していない。

図27-7(a)は、軸を段付きにして左右に抜けないようにし、ベアリングを入れる穴も段付きにして外側に抜けないようにしている。図27-7(b)のように、フランジ付きベアリング（**Chapter 20**）を使用することもできる。この例では、軸の抜け止めに止め輪（**Chapter 22**）を使用している。ただし、止め輪用の溝の部分は軸が細くなっていて折れやすいので、溝より外側に軸を延長して片持ち構造にするのは好ましくない。このほかにも、段付き穴と止め輪を併用するなど、さまざまな方法がある。

なお、組み立ての容易さも考慮したほうがよい。図27-7(a)は軸とベアリングを組んだ状態でフレームをかぶせるように組み立てることができるのに対し、(b)は組んであるフレームに後からベアリングをはめ、軸を入れることができる。軸とベアリングをしまりばめ（**Chapter 14**）にするときは(a)、そうでないときは(b)のほうが組み立てが容易である。

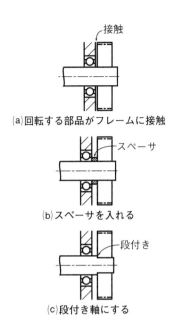

[図27-5] 回転する部品とフレームの接触回避

[図27-6] 軸やベアリングを押さえる部分がなく抜けてしまう構造

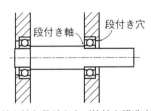

(a)段付き軸と段付き穴（片持ち構造も可）

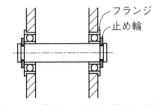

(b)フランジ付きベアリングと止め輪（片持ち構造では不可）

[図27-7] 軸とベアリングが抜けない構造例
2枚のフレームは別途固定されている

Chapter 28 構想図① ── イメージを伝える

1 構想図とは

構想図とは、具体的な部品の設計をおこなう前に、設計者のアイデアをおおまかに示すためのスケッチである。構想図はアイデアスケッチとも呼ばれ、設計者が考えを表現するいちばん簡便な方法である。言葉での表現が難しい部品の形状や機能も、構想図を見せることで簡便に伝えられる。また設計者自身にとっても、作りたい部品の大きさや形状などの全体像を把握するのに役立つとともに、部品の細部の具体的な形状を確認するのに使えるツールである。

構想段階では、細部のサイズや条件にとらわれず、自由な発想で部品のアイデアをまとめるべきである。そのため、構想図は真っ白な紙にフリーハンドで描くのが望ましい。図28-1は構想図の例である。この図のように、構想の段階ではおおまかな形状や機能を決定できれば十分で、各部の寸法数値を決定するのはその先の作業となる。

［図28-1］構想図の例（椅子）

2 構想図に込める情報

短時間で情報量の多い構想図を描くために、込めるべき情報や、ある種の情報の効果的な伝え方を紹介する。

2.1 形状

図28-1は椅子の構想図である。構想図は、何が描かれているかをひと目で理解できるものにしたい。また構想図では、立体の形状を表す稜線を、それぞれ1本の線で明確に表すことが重要である。もし稜線を複数の線の集まりで表すと、鋭利な角か湾曲した角か判別しにくい。外形を1本の線で表すことで、必要最低限の形状情報を伝えられる。

2.2 大きさ

図28-2は緊急停止スイッチの構想図である。上で、構想段階ではサイズを決める必要はないと述べたが、構想図で部品の大きさを伝えたい場合には、この例のように、手などを同時に図示するとよい。スイッチであれば、その大きさが指で押すものか、こぶしや手のひらで押すものかといった違いを表現できる。さらに、作図した手に動きをも

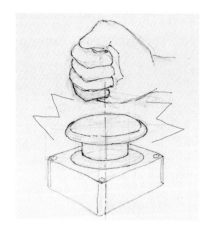

［図28-2］大きさを伝える（緊急停止スイッチ）

［図28-3］大きさと視点を表す（テント）

[図28-4] 分解図（コントローラ）

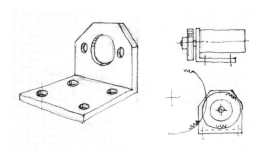

[図28-5] 機械部品（モータステー）

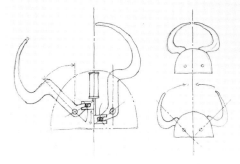

[図28-6] 2次元で表現する（ロボットハンド）

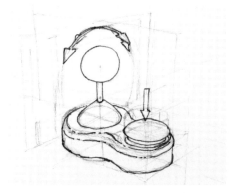

[図28-7] 形状を近似する（コントローラ）

たせることで、部品の操作方法を伝えられる。

図28-3は、テントの構想図に使用する人を同時に図示したものである。大きな製品のおおよそのサイズを構想図で伝えるには、人間の全身像を同時に図示するとよい。

また、構想図で製品の大きさを伝える際、作図する人の視点の角度（高さ）によって与える印象が異なる。物体を見下ろすように描けばその物体は小さく見え、見上げるように描けば大きく見える。この効果を意識して構想図を描くと、物体の大きさをより直感的に伝えることができる。

2.3 | 内部構造や組立方法

構想図で製品の内部構造や組立方法を表すこともあり、たとえば、**図28-4**のように分解図として描いてもよい。この図からは、コントローラを構成する部品の種類、組立方法、ケースの接合方法が見て取れる。一見手間のかかる表現方法にも思えるが、1枚の構想図で多くのことを伝えられるので、情報伝達という目的においては効率がよい。

図28-5は部品（モータのステー）単独の構想図の例である。左にステー単体の形状、右に使用例を図示してある。部品単体では何に使うか判断が難しい場合でも、使用例を追加すると非常にわかりやすい。

2.4 | 平面内での動き

一般的に、スケッチは3次元的に描くことが多いが、物体の形状によっては2次元的に描いたほうがよい場合もある。たとえば、**図28-6**に示すロボットハンドの構想図は、機構の構成や動作の可動範囲をわかりやすく表現できるため、2次元的に描くのがよい。機械の動作の多くは、その軌跡が2次元平面内におさまる。構想図で動作を表現したい場合は、動作の軌跡を含む平面（断面）で図示するとよい。

3 内容が伝わりやすい構想図を描くために

いきなり物体の3次元形状を描くのは難しい。そこで**図28-7**のように、対象の物体形状を複数の基本的な立体形状（立方体・直方体・球・円錐など）に近似する描き方が有効である。まず近似形状を描き、その中に本来の形状を描けば、ある程度イメージどおりに表せる。図28-7のように、動きを表す矢印やその他の注釈を追加してもよい。構想図の表現方法は、製図法にくらべると自由度が高い。

Chapter 29　構想図② ── 立体的な構想図を描く技術

本章では、構想図を描くために最低限必要な技法として、透視図法を解説する。さらに効果的に立体に見せる技法を紹介する。

1 3次元の物体の見え方

透視図法を解説する前に、3次元空間内での物体の見え方について考える。

図29-1は、水平に置かれた正方形の平面が、どのように見えるか示したものである。平面に対する視点の高さによって、平面の見え方は変化する。視点が平面と同じ高さの場合、平面は線に見える。また、視点よりも平面が低い場合は平面の上側が見え、視点よりも高い場合は平面の下側が見える。

物体との距離によっても見え方は異なる。**図29-2**に示すように、遠いところにある物ほど小さく、近いところにある物ほど大きく見える。見える大きさは、人間の目から物体までの距離に反比例する。

2 透視図法の原理

高さ、方向、距離の関係を図に表すと、人間の目から見た物体の形状を3次元的に特徴づけられる。これを論理的に組み立てた描画方法が**透視図法**である。透視図法では、**水平線**（Horizontal Line：HL）と**消失点**（Vanishing Point：VP）の配置によって視点の方向が定まる。また、VPの数によって透視図法は、**1点透視図法**［図29-3］、**2点透視図法**［図29-4］、**3点透視図法**［図29-5］に分類される。

1点透視図法ではHL上にVPが1点あり、物体の水平な線を延長するとVPに収束する。この収束する線を**透視線**（パースライン）と呼ぶ。2点透視図法ではHL上の離れた2点にVPがあり、透視線は左右のVPへ収束する。また、物体の鉛直な線は水平線と直角に交わる。1点透視図法と2点透視図法は、物体の中心がちょうど視点の高さにある場合に用いられる。3点透視図法ではHL上に2点、HLから離れた場所に1点のVPを配置する。3点目のVPの配置場所は、視点と物体の位置関係によって決まる。物体を視点より上に描きたい場合はHLの上側のはるか遠方に、視点よりも下に描きたい場合はHLの下側に配置する。物体の水平線は左右の

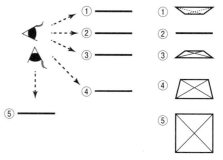

［図29-1］視点の高さと見え方

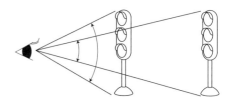

［図29-2］距離と見える大きさ

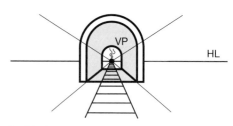

［図29-3］1点透視図法

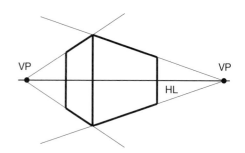

［図29-4］2点透視図法

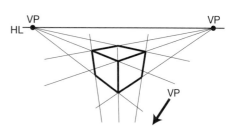

［図29-5］3点透視図法

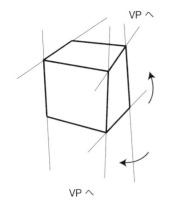

[図29-6] 逆パースの例

VPへ、垂線は上下方向の遠方へ配置されたVPへ収束する。そして、各透視線を補助線として、物体の外形線を描く。

透視図法では、各VPの配置によって物体の各面の方向が定まる。すなわち、描きたい物体を、人間から見たときの、高さ、方向、距離を用いて表現できる。

各透視線がVPに収束しない図は、不自然な形状に見えてしまう。このような図の状態を**逆パース**と呼ぶ。たとえば、立方体を逆パースで描くと**図29-6**のようになり、歪んで見える。透視線がVPに収束するように描くことが、図を自然な立体に見せるためには重要である。

3 透視図法① ── 平面を描く

3.1 │ 面の中心点と分割

立体を違和感なく描くためには、つねに立体を構成する面の中心点を意識しながらスケッチを描き進めるとよい。**図29-7**は、透視図法で描いた長方形の平面に、対角線を描き加えたものである。2本の対角線の交点が長方形の中心点となる。この中心点の求め方はどの向きに配置された長方形でも適用でき、立体を描き進める際の基準となる。また、中心点を通り、向かい合う長方形の2辺の角度を等分する二等分線を引くと、長方形を均等に分割することができる。

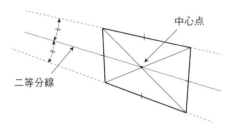

[図29-7] 中心点の求め方

3.2 │ 面の拡大

正方形（長方形）を同じ平面内において拡大する手順を説明する[**図29-8**]。まず、正方形に対角線を引いて中心点を求める。次に、この正方形のある平面内における正方形の右辺と左辺に平行な線を、中心点と交わるようにして①の線を引く。次に、②のように正方形の左下の頂点と右辺の中点を結ぶ直線を引き、上辺を延長した線と交差させる。この交点は、正方形の上辺を右方向へ2倍にした点となる。この点から正方形の右辺に平行な線を引くと、最初の正方形を横方向へ2倍した長方形の右辺となる。また、③のように正方形の底辺の中点と右辺の中点を通る直線を引き、上辺を延長した線と交差させると、その交点は、正方形の上辺を1.5倍に拡大した場合の頂点の位置に相当する。同様に右辺を平行な線を引くと正方形は横方向へ1.5倍の大きさとなる。

このように透視図法では、作図の基準となる平面を含む

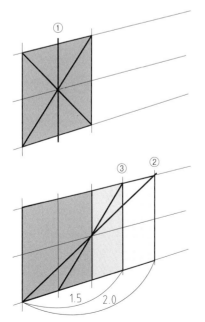

[図29-8] 正方形の1.5倍と2倍

立方体を最初に描くと、それを用いて1.5倍や2倍の立方体を簡単に描くことができる。

4 透視図法② ── 曲線・曲面を含む物体を描く

4.1 | 円の描き方

Chapter 17で説明したように、投影法では物体の平面に描かれた円は楕円となる。一方、遠近感を表現する透視図法では、円が描かれた平面を傾けても楕円にはならない。ただ、厳密な縮尺を適用した円と楕円の差はほとんどないため、透視図法では円を楕円で表現する。

図29-9に示すように、楕円の中心と楕円に外接する正方形の中心は一致しない。しかし、正方形の中心は必ず楕円の短軸上にある。また、透視図法で円を描きたい場合は、図29-10のようにまず基準となる正方形を透視図法で作図し、それに内接する楕円を描けばよい。

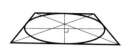

[図29-9] 透視図法での円

4.2 | 球の描き方

球はどの角度から見ても円に見えるため、透視図法で描いた場合も円で表現できる［図29-11］。透視図法による球の描き方は、以下のとおりである［図29-12］。まず、球の中心でたがいに直交する3平面を描き、各平面に球の仮想的な断面（図の中では楕円）を描く。そして3個の楕円が内接する円を描くと球になる。さらに、平面の円との違いを明らかにするため、陰影を追加するとよい（陰影の加え方については、次節参照）。

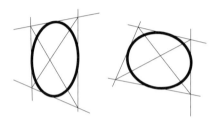

[図29-10] 平面と円

4.3 | 円錐・円柱の描き方

円錐や円柱を描く場合は、図29-13に示すように、まず空間内に平行な2平面（正方形）を定義する。この2平面間の距離が円錐（円柱）の高さとなる。この先は円錐と円柱で描き方が異なる。

円錐の場合は、底面となる平面に円（図の中では楕円）を描き、円の中心から平面と垂直に交わる線（垂線）を引く。その垂線ともう一方の平面との交点が円錐の頂点となる。ここで、円錐の頂点が、底面に定義した円（楕円）の短軸の延長線上にあることに注意する。最後に、頂点から底面の円（楕円）の接線を引くと円錐となる。

円柱の場合は、底面の円をもう一方の平面へ投影し、定

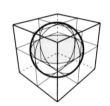

[図29-11] 立方体と球

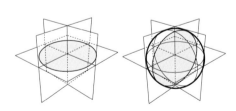

[図29-12] 球の描き方

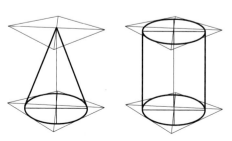

[図29-13] 透視図法での円錐と円柱

Chapter 29 | 構想図② —— 立体的な構想図を描く技術

義した円（楕円）の長軸の両端部どうしを結ぶ（2本の垂線を引く）。この際、2つの平面を結ぶ垂線が両楕円の短軸と平行になることに注意する。

5 透視図法③ —— 陰影を加える

描いた立体により多くの情報を込めるために、陰影を付加するのは効果的である。陰影は、外形線や稜線（立体の角を表す線）では表現できない物体の形状を表す助けとなる。また、物体が配置されている空間の状況も表現できる。

5.1 | 陰影の効果

図29-14は、空間内に配置した球と円錐に陰影を追加したものである。これらの立体は稜線が少なく、方向によっては円や三角形にしか見えない場合もあるが、陰影を追加することによってその形状をわかりやすく表現できる。また、陰影の違いから図29-13(a)の球と(c)の円錐は物体が地面に接しているが、(b)と(d)は物体が地面から浮いていることがわかる。つまり、陰影には物体と地面の位置関係を示す効果もある。

5.2 | 陰影の加え方

図29-15は、地面に垂直に立てた棒と、棒の陰影である。陰影を追加するためには、空間内での光源の位置を決める必要がある。光源の位置が決まると、光の角度と方向が決定する。光の角度とは、光源と立体の頂点（ここでは棒の先端）を結んだ線（光線）と地面との角度である。光の方向は、光源から下した垂線が地面と交わる点と、棒の底面とを結んだ線である。この2つの線どうしの交点が、棒の頂点影となる。図29-15のように同じ光源でも、垂線と地面との交点の位置によって光の方向を変更できるため、陰影の方向は自由に決められる。

図29-16は、長方形の板を地面に垂直に立てた様子である。構想図では、光源は無限遠にあると考えるのが一般的で、その場合、光線は平行光線となる。物体の各頂点を光の角度の線が通過し、光の方向の線との交点が物体の頂点に相当する陰影の頂点となる。

図29-17は、複雑な形状の立体に陰影を追加した例である。立体の各頂点を通過する光の角度と方向の線を追加し、その交点を結ぶことによって陰影を完成させる。この方法を用いると、凹凸のある地面に対しても陰影を描ける。

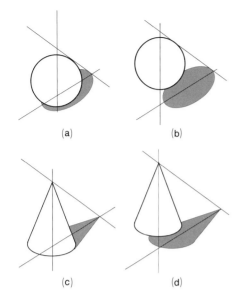

[図29-14] 陰影の効果

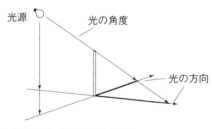

[図29-15] 陰影の描画方法①

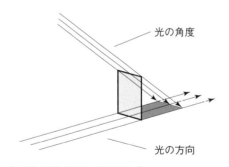

[図29-16] 陰影の描画方法②

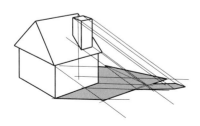

[図29-17] 複雑な形状の立体と陰影

Part 3 練習問題

問25-1 加工方法と組立精度を考えた設計〈分割型にする設計〉

図Ⅲ-1のようなドラム型の形状を一体で作ると、材料と加工のコストがかかる。これを分割型で設計しなさい。ただし、円板部に力が加わってもずれないようにすること。

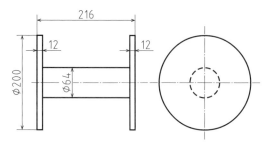

[図Ⅲ-1] ドラムを分割型で設計する

問25-2 加工方法と組立精度を考えた設計〈加工しやすい形状〉

次の①～③のうち、まちがっているものはどれか。

① 大きな材料を削って複雑な形状にする一体成型は、精度を出しやすいが、コストが高い。
② 板材に四角い穴をあけるのはむずかしい。
③ エンドミルによる加工は、角に丸みのあるものしかできない。

問26-1 機械材料の性質〈応力とひずみ〉

棒材にかかる応力の大きさは$\sigma = W/A$(σ:応力、W:荷重、A:断面積)で与えられる。また、ひずみの大きさは$\varepsilon = \sigma/E$(ε:ひずみ、E:縦弾性係数)で与えられる。図Ⅲ-2のように棒材を介しておもりを吊るすとき、正方形断面の角棒材と円断面の丸棒材とでは、ひずみが大きいのはどちらか。また、丸棒材と角棒材のひずみの比を求めよ。

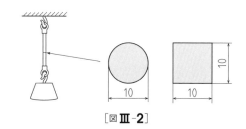

[図Ⅲ-2]

問26-2 機械材料の性質〈丸棒材の軽量化〉

図Ⅲ-3のような断面をもつ中空の丸棒材(パイプ)の曲げ強さは、断面係数$Z = \pi(D^4 - d^4)/32D$に比例する。いま、外径Dが10 mm、内径dが8 mmのパイプがある。これと同じ曲げ強さをもつ中実($d = 0$)の丸棒材の直径を求めよ。また、中空形状とすることで、どの程度の軽量化が可能か求めよ(中実の棒材に対する中空の棒材の重量比を答えよ)。

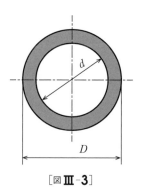

[図Ⅲ-3]

問27-1 軸受の支持設計〈ベアリングが抜けない構造〉

図Ⅲ-4の構造は、軸、軸受、回転部品が軸方向にずれてしまうことはないか。また、ずれる場合には解決方法を考えなさい。なお、図の左右のフレームは動かないとする。

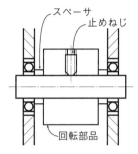

［図Ⅲ-4］軸方向に抜ける可能性

問27-2 軸受の支持設計〈軸が抜けない構造〉

図Ⅲ-4の止めねじがない場合、軸やベアリングが抜けないようにするにはどうすればよいか。図を描きなさい。

問27-3 軸受の支持設計〈方向と個数〉

次の①～③うち、正しくないものはどれか。

① 片持ち軸の先に荷重がかかる場合は、軸を太めにしたほうがよい。
② 軸を支持するベアリングの個数は多いほうがよい。
③ 軸方向の荷重がかからない機械では、軸方向に固定することは考えなくてよい。

問29-1 構想図〈透視図法〉

底面が正方形（1辺の長さが1）で、高さが2の直方体と四角錐を、2点透視図法と3点透視図法で図示せよ。また底面が円（直径が1）で、高さが2の円錐と円柱を、2点透視図法と3点透視図法で図示せよ。なお図Ⅲ-5は、それぞれの立体を等角投影法で作図したものである。

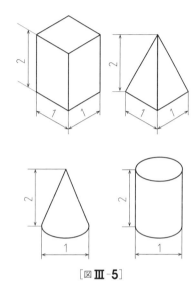

［図Ⅲ-5］

問29-2 構想図〈透視図法〉

アイソメトリック図によって示す図Ⅲ-5の立体を、2点透視図法と3点透視図法によって図示せよ。

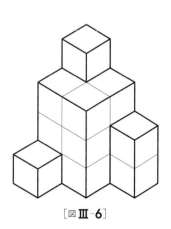

［図Ⅲ-6］

問29-3 構想図〈パースの修正〉

図Ⅲ-7(a)はいすのアイソメトリック図である。(b)と(c)は同じいすを3点透視図法で描いたものだが、(c)はパースが不正確である。(c)の修正すべき頂点を3か所指摘し、正しい図を完成させよ。

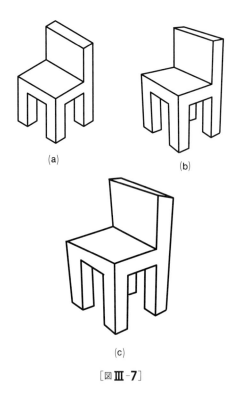

[図Ⅲ-7]

問29-4 構想図〈陰影の追加〉

図Ⅲ-8は、矢印形と星形の看板に光が当たっている様子である。指示された光の角度と光の方向に注意して、地面にできる影を描き加えよ。

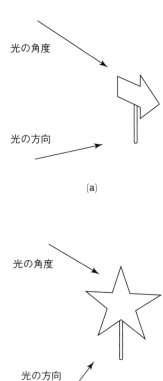

[図Ⅲ-8]

Basic Mechanical Design Drafting Part 4 CAD

Chapter 30 CADの活用

1 CADとは

CADとはComputer Aided Design（コンピュータ支援設計）の略である。「CAD」は本来、コンピュータ支援による設計業務を意味するが、近年はコンピュータによって図面を描くことを指すようになっている。ここで重要なのは、CADはあくまでも設計を支援してくれるものであって、設計と製図を自動化するものではないということである。

かつては2次元CAD［図30-1］が一般的で、製図の機能に特化したドローイングソフトであった。しかし今は、部品の形状や位置情報をすべて3次元で扱う3次元CAD［図30-2］が主流となった。3次元CADは2次元CADとくらべて、部品の立体形状をより把握しやすい。このPart 4では、製図における3次元CADの活用方法を解説する。まず本章でCADによる設計と製図の概要を紹介し、31〜33章では各工程の詳細を解説する。

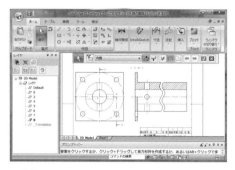

［図30-1］2次元CAD

［図30-2］3次元CAD

2 CADの特徴

CADを用いて設計をおこなう場合は、部品のサイズをすべて数値化しながら部品形状を定義していく。この作業モデリングと呼ぶ。CADでは部品形状を数値データとして扱うため、モデリングした部品の移動、回転、反転、複製、大きさの変更といった編集作業が容易である。図30-3は、作成した部品のデータを複製して反転させたものである。このように、左右で対になるような部品のモデリングは簡単におこなえる。図30-4はモデリングデータを構成する形状要素（フィーチャー、Chapter 31）の複製例である。配列に規則性がある複数個の穴を定義する際には、まず1個の穴の形状（貫通穴、ネジ穴など）を形成し、その穴を規則（縦、横、円周状など）に従って複製すればよい。

さらに、部品データが再使用可能であるため、設計にかかる時間的コストを削減することができる。また、ねじやナットなどよく使う汎用部品のデータを一度定義して管理すれば、何度でも再使用可能である。2次元図面化（ドラフティング）に必要な図枠や表題欄も同様に、定義しておいてくり返し使えばよい。

［図30-3］部品の複製と反転

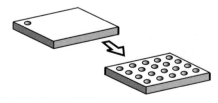

［図30-4］穴の複製

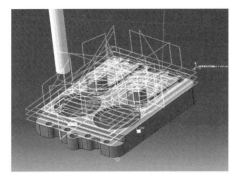

[図30-5] CAM

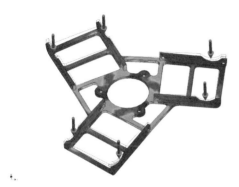

[図30-6] CAEによる構造解析

[図30-7] 形状の確認

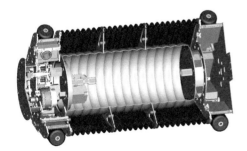

[図30-8] カットモデルの作成

CADで数値化した部品データは加工にも用いることができる。たとえば、CAM（Computer Aided Manufacturing）ソフトによって部品データからCNC加工機で加工するためのツールパス（刃物などが動く軌道）を生成すると、そのデータはCNC加工機に転送され、実際の加工に用いられる［図30-5］。また、CAE（Computer Aided Engineering）ソフトを用いると動作シミュレーションや構造解析などが可能で、製作前に部品の特性を検証できる［図30-6］。

3 3次元CADとその特徴

3次元CADの最大の特徴は、設計する部品を画面上に3次元モデルとして表現可能な点である。2次元CADでは複数の図から3次元モデルを想像する必要があったが、3次元CADでは画面上で視覚的に確認することができる。この特徴はとても重要で、実際に部品や製品を製作する前に外観や部品の可動範囲、部品どうしの組立と干渉チェックをおこなえるので、設計・製造における失敗を大幅に減らせる。

図30-7は設計段階でシートの形状を確認するためにモデリングしたものであり、画面上で視点の方向を変えられるので、実際に製作する前に外観を確認することができる。また、3次元CADでモデリングした部品は実物と違って、内部を簡単に確認することができる。これは、複数の部品で構成されている品物において、任意の部品を切断したり、非表示にしたりできるためである。図30-8は3次元CAD上で作成したロボットのカットモデルであり、内部の部品の位置関係をすべて確認できる。

4 3次元CADを用いた設計・製図の手順

3次元CADのおもな機能は、部品の3次元モデルを製作する**モデリング**、CAD上で部品どうしを組み立てる**アセンブリ**、部品どうしの干渉のチェックや物理情報を確認する**数値解析**、部品モデルを2次元図面へ変換する**ドラフティング**に分けられる。ここで、モデリングからドラフティングまでの手順を紹介する。ただし、ひと口に3次元CADといってもソフトのメーカーによって操作方法が異なるため、本節ではおおまかな手順のみを示す。ほとんどのソフトではモデリング、アセンブリ、ドラフティングをおこなうモードが分けられており、各データを保存する

ファイル形式も区別されていることに注意が必要である。

4.1 モデリング

モデリングではまず、基準となる原点、X軸、Y軸、Z軸、XY平面、YZ平面、ZX平面の位置を確認する［図30-9］。3次元の立体を作成するために、この3平面のどれかに部品の2次元断面を定義（スケッチ）する。このとき、平面上で頂点などの位置（座標）を指定してサイズを決める。次に、平面に垂直な方向へ厚みとして長さを指定して、断面を押し出すように拡張すると立体になる［図30-10］。

次に、作成した立体の面を新たに参照し、2次元断面を定義する［図30-11］。定義した断面について、厚みを指定して押し出すことによって立体を除去（カット）し、図30-12のように穴やへこみのある部品となる。

完成した部品は基準平面の交点である原点を基準点としてモデリングをおこなった。これにより、基準点からの数値を決めておくことで、後述するドラフティングの工程での作業量を大幅に減らすことができる。

4.2 アセンブリ

必要な部品すべてのモデリングが済んだら、それらを3次元CAD内で組み立てる。この工程を**アセンブリ**という。通常は、座標原点へ最初の部品を配置して基準とし、そこへほかの部品を追加して組み立てていく。この際に、部品どうしの拘束（位置決め）を定義する必要がある。実環境と同じく3次元の仮想空間内で組み立てるため、部品どうしの拘束条件は最低3自由度となる。

図30-13に示すように、図30-12の部品の穴にボールベアリングとブッシュを挿入・固定することを考えよう。いずれの部品も外形が円柱状なので、穴と部品の中心軸を一致させて拘束する。次に、各部品を穴の内部の段差まで挿入する拘束を定義し、図30-14のように組み立ては完了する。

組立後に部品どうしで干渉が起きていないことをチェックする。実際には、空間座標内で3次元の立体どうしが重なっているか否かを検証するため、数値的にモデル化された部品どうしの干渉チェックは簡単である。

4.3 モデルの解析

アセンブリの次は、部品の機械的特性を調べたり、模擬

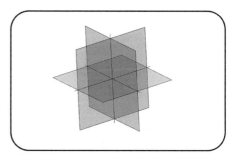

［図30-9］基準平面

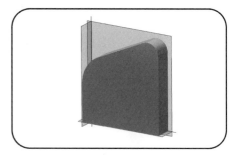

［図30-10］2次元断面の押し出し

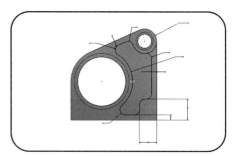

［図30-11］2次元断面の編集

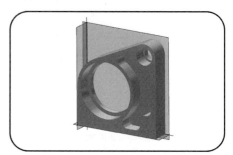

［図30-12］モデリングの完成

［図30-13］アセンブリ

的に動作させて特性を調べたりする**モデル解析**を実施する。たとえばモデリング時に、機械材料の比重や弾性係数などの物性を入力しておけば、部品の重量を推定することも可能で、また、複雑な形状でも重心位置を求められる。さらに、CADソフトによっては有限要素法を用いた構造解析が可能で、設計段階で機械的な強度を見積もれる［**図30-15**］。部品製造の前にモデル解析をおこなっておくと、設計ミスを未然に防げる。

4.4 ドラフティング

最後の工程は、3次元モデルを2次元へ変換し、加工者へ製作を依頼する図面にする**ドラフティング**である。3次元CADでは、原点や基準平面によって立体モデルの位置と方向を定義するため、モデルの方向（正面や右側面など）を指定して図枠の中へ貼り付けるだけで各投影図が描ける［**図30-16**］。また、モデリング時に設計した各部のサイズがそのまま図面に反映されるため、慣れてしまえばドラフティング作業は簡単でそれほど時間を必要としない。

本節では、2次元図面の完成で一連の作業を終了とする。本書ではくわしい説明を省くが、モデルデータからCNC工作機械で直接加工をおこなう方法もある。CAMソフトを用いると、モデルデータからCNC工作機械で刃物が加工する軌道を示すツールパスが生成できる。さらに、ツールパスを、CNC工作機械を実際に動作させるために必要なプログラムであるGコードなどへ変換して、出力できる。

4.5 ファイルの管理

3次元CADでは、最初に「プロジェクト」と呼ばれるファイルのグループを1つ作成し、その中でモデリングした部品を管理する。プロジェクトでは、部品を組み上げたアセンブリファイルや、ドラフティングで作成した2次元図面もまとめて管理される。

CADを用いて組立図を作成した場合は、組立図に用いたアセンブリファイルの中にモデルデータの構成が記憶される。したがって、組立図に必要な部品表のデータを簡単に作成できる。また、**図30-17**のように組立図にバルーンを付記する場合は、バルーン内の部品番号も自動で与えられる。そのため、加工者へ提出する書類を効率的に用意することができる。

［**図30-14**］アセンブリの完成

［**図30-15**］モデル解析

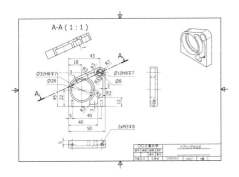

［**図30-16**］ドラフティング

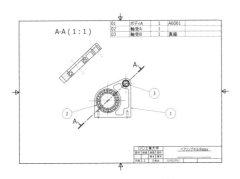

［**図30-17**］ドラフティング（アセンブリ）

Chapter 31　モデリング

Chapter 30で述べたとおり、3次元CADソフトを用いて、設計したい部品の形状（モデル）をディスプレイの画面内に製作し、描画することをモデリングと呼ぶ。

1　3次元モデルの表示形式

3次元CADによるモデリングの方法の前に、立体モデルの表示形式について説明する。代表的な表示形式は、シューティングとワイヤフレームの2つである。

シューティングは、**図31-1**のようにモデルの表面に色をつけた表示形式で、実際に設計する部品の外観を視覚的に確認するために用いられる。この形式では、手前の面にかくれた奥の面を表示できないため、複雑な形状や内部構造を確認するには不便である。

図31-2の**ワイヤフレーム**はモデルの稜線のみを表示する形式で、モデルを構成するすべての線を同時に確認できる。しかし、モデルの形状が複雑になると線が増えるので、この形式では見にくくなる。そこで、**図31-3**のようにワイヤフレームの線のうち、外側から見えない線（かくれ線）を破線で表示することができる。見える線と見えない線の線種を変えることにより、モデルを立体図と同じように理解することができる。複雑な形状の場合はかくれ線で表示しても煩雑になってしまうため、表示する線を最小限にしたほうが見やすい。そこで、**図31-4**のようにワイヤフレームから隠線を消去して表示することもできる。通常は、シューティングとワイヤフレームの隠線表示を使用するとよい。

3次元CADで表現されるモデルは、通常は**図31-5**に示すように中身の詰まった**ソリッドモデル**である。したがって、モデルを切断すると断面が現れ、中実の物体と同様に扱える。中実の物体として扱えるということは、質量や重心などの物理量の計算ができるということである。

一方で、**図31-6**に示すような厚みのない仮想的な面だけで構成された、中身の詰まっていない、**サーフェイスモデル**もある。これは、外形を表す複数の面どうしをつなぎ合わせて立体にしたものである。意匠曲面で構成するような部品は、曲面を作成した後にサーフェイスモデルとするが、部品として物理量を扱うためには中実の物体にする必要が

［図31-1］シューティング

［図31-2］ワイヤフレーム

［図31-3］ワイヤフレーム（かくれ線）

［図31-4］ワイヤフレーム（隠線消去）

［図31-5］ソリッドモデル

［図31-6］サーフェイスモデル

あるので、ソリッドモデル化（ソリッド化）をおこなう。

2 CADソフトとCGソフトとの違い

3次元CAD以外にも、3次元モデルを作成可能なCGソフトが多数存在する。どちらも3次元モデルを作成するツールであるが、粘土細工のように部品の表面をつまんだり、引っ張ったり、へこませたりするような直感的な方法によって作成できるのがCGソフト［**図31-7**］の特徴である。逆に各部のサイズをしっかりと定義しながら製作するのがCADソフトである。ただ近年は、この2種類のソフトの境界が曖昧になっており、CGソフトで作ったモデルのデータをCADソフトで編集可能なファイル形式へ変換し、CADソフトによってモデルの仕上げをおこなうこともできる。また、CGソフトのような操作で自由曲面の定義が可能なCADソフトも開発されている。

3 伸ばす・切り取る

3次元CADで立体形状をモデリングする際には、基準となる点・軸・平面が必要となる。この基準点を原点と呼び、基準軸は原点でたがいに交わる3本の軸（X軸・Y軸・Z軸）とする。基準平面は、3本の基準軸のうちの2本で定義されるX-Y平面・Y-Z平面・Z-X平面の3つである［**図31-8**］。この原点といずれかの平面を利用して、各形状の要素（フィーチャー）のモデリングを進める。

モデリングの基本手順を解説する。まず、部品の断面形状を基準平面上に定義（**スケッチ**）する。その際に、断面と原点の位置関係を数値で決める。基準平面上へ断面を直接スケッチする場合は問題ないが、前に作ったフィーチャー上の平面や、新たに定義した平面を利用してスケッチする場合は、新たなサイズの基準点を決める必要がある。断面のスケッチが完成したら、**押し出し**という操作で断面に厚みをもたせて立体モデルにする［**図31-9**］。また、断面を含む平面上に定義した回転軸を中心に断面を回転させることでも、立体モデル化は可能である。この操作を**回転**と呼ぶ［**図31-10**］。この押し出しと回転の2種類の操作を駆使すれば、ほとんどの立体形状は作成可能である。また、既存の物体から空間を削り取る（**カット**）こともできる。

図31-11のように、定義した曲線の軌道に沿って断面の押し出しをおこなう**スイープ**という操作も可能である。

［**図31-7**］3次元CGソフトによるモデリング

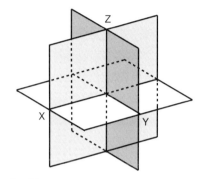
［**図31-8**］基準平面

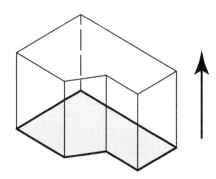
［**図31-9**］押し出し

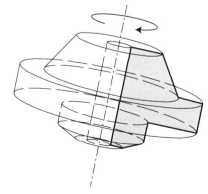
［**図31-10**］回転

スイープにより、3次元的に曲がったパイプや、螺旋形状のスプリングのモデリングができる。

3次元CADでは、自由曲面を製作することができる。製作したい面の端となる4本の基準曲線を作り、その曲線を用いて内部の自由曲面を定義する。そして、この基準曲線は自由曲面を囲む基準平面内に定義される［図31-12］。囲む曲線の端部どうしは必ず交わらせる必要があり、曲線間に隙間があると曲面を定義することができない。また、製作した曲面とほかの曲面や平面を接続（マージ）しないと連続した面として定義されず、ソリッド化ができない。

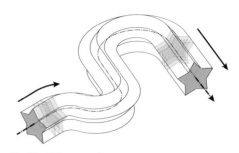

［図31-11］スイープ

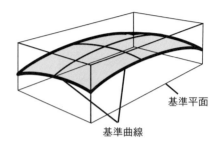

［図31-12］自由曲面の定義

4 追加工

部品の形状がおおまかにモデリングできたら、次にモデルの追加工（修正）をおこなう。具体的には、角の面取りやフィレット加工、シェル加工、穴加工の定義である。

面取り［図31-13］は立体のエッジに45°の面を追加する加工で、**フィレット加工**［図31-14］はエッジを円弧状にする加工である。これらの加工は部品の主要な形状を決めるものではないが、加工や組立が可能であるかを決定する重要な要素であり、モデリングの際に省略することはできない。3次元CADソフトの設定では、面取りはC面取り、フィレット加工は一様な半径Rで定義されるが、ソフトによっては形状の細かい定義（45°ではない面取りなど）が可能である。一般的には、加工を追加したいエッジを指定すると、その場所に加工のフィーチャーが追加されるが、複数の平面から構成されるような複雑な形状には追加することができない。

図31-15に示す**シェル加工**は、立体の外側の面を外殻として、残す厚さを定義して内部をくり抜く加工法である。射出成型で製作されるカバーなどの部品をモデリングするのに必要な機能である。複数の薄板からカバーを製作するよりも、最初に完成後の形状をモデリングし、その後にシェル加工を追加するほうが簡単であり、作業にかかる時間を大幅に短縮できる。シェル加工をおこなうと、外殻に一様な厚さを残して内部が除去されるが、各断面での厚さを個別に定義することもできる。

モデリングにおいて、穴加工の定義には2通りの方法がある。ひとつは押し出しによるカット（4節参照）で、既存の立体モデルから定義した体積を取り除く方法である。

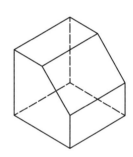

［図31-13］面取りの定義

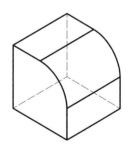

［図31-14］フィレットの定義

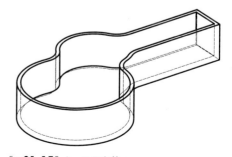

［図31-15］シェルの定義

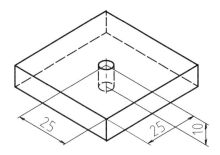

[図31-16] 穴加工の定義

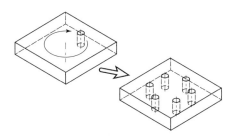

[図31-17] 穴の複製

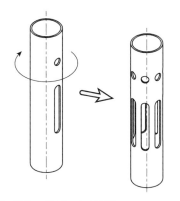

[図31-18] 円柱面の穴の複製

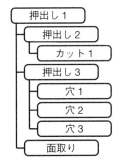

[図31-19] ツリー表示

具体的には、立体モデルに穴の断面をスケッチし、それを押し出してできる体積を立体モデルから取り除く。この方法では、複雑な断面形状の穴を定義することができる。しかし、単純な円形断面の穴やネジ穴などのすべてをこの方法で定義するとモデリングの作業が膨大となり、また2次元図面化する際の作業も増える。

そこで、一般的に3次元CADには穴（円形断面）を作成するための専用機能がそなわっている。これは穴の位置と形状を定義するものであり、部品のモデリングで頻度の高い穴形状（通し穴、止まり穴、テーパ穴、ネジ穴）を簡便に定義することができる。**図31-16**のように直交する3平面に対して位置を定義する場合は、まず穴を開ける面を指定し、基準面からの距離を指定する。なお、円柱表面や曲面上へ穴開けの定義をおこなう場合は、位置決めのための明確な基準点を決める必要がある。

複数の穴を一度で同時に定義する場合は、CADの複製機能を使うとよい。この機能を使うと、フィーチャーを軸方向や円周方向［**図31-17**］へ連続して複製することができる。これにより、少ない設定で多くのフィーチャーを作成可能であり、同じフィーチャーをグループ化することもできる。これは、2次元図面化におけるサイズの記入の作業量削減にもつながる。**図31-18**は、円柱の側面の穴を円周に沿って複製したものである。このように、個別に定義すると作業が煩雑になるような場合でも、基準面が定義しやすい場所でフィーチャーを作成し、それを複製することで簡単になる。

5 モデリングの際の注意

モデリングで定義するフィーチャーは、定義した順に親子関係が決まり、**図31-19**に示す**ツリー**として表される。この親子関係は非常に重要で、もし不適切な順序で定義をおこなうと、モデリングした後の修正が難しくなる。これは、フィーチャーどうしの関連性によって発生する問題であり、定義した順に関連性が構築されるためである。たとえばツリーの末端にある子フィーチャーを修正するのは問題ないが、ツリーの上部にある親フィーチャーを修正する場合はその下部にあるすべての子フィーチャーに影響がおよぶ。したがって、フィーチャーを定義する順に注意が必要で、部品の構想を固めてからモデリングをおこなうようにするとよい。

Chapter 32　アセンブリ──拘束条件と運動

1 アセンブリとは

　3次元CADでは、モデリングした最小単位の部品のデータを**パートファイル**と呼び、その部品を3次元CAD上で仮想的に組み立てたモデルを**アセンブリファイル**と呼ぶ。パートファイルには部品の各部位の形状に関するデータ（フィーチャーのデータ）が含まれている。そして複数個のパートファイルを配置や拘束条件などの定義をおこない組み立てる作業を**アセンブリ**と呼び、**図32-1**のように組み上がったものがアセンブリファイルである。アセンブリファイルの中には部品どうしの位置関係の定義が保存されている。また、部品どうしの物理的接触の条件（固定、すべる、回転する）も含まれる。

［図32-1］CAD内での部品の組立

　アセンブリをおこなう場合は、部品（パートファイル）の位置関係を定義するために、基準となる座標系が初期設定として定義されている。そして**図32-2**に示すように、最初に配置する部品が座標原点上におかれ、この部品を基準として次の部品を配置し、相対的な位置関係を定義する。ただ、そのまま部品を無秩序にアセンブリしていくと、**図32-3**に示すように部品の構成を示すツリー上での部品どうしの親子関係が煩雑になってしまう。そこで機能や組立順を考慮して構成要素ごとにまとめたセミアセンブリファイルを先に製作する。次に、製作したセミアセンブリファイルを統合する。このほうがツリーの構成が単純になり、親子関係がわかりやすくなる。

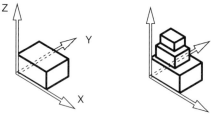

［図32-2］部品の位置を定義

　本章ではアセンブリについて、含まれる拘束条件や運動を中心として解説する。

2 部品どうしの拘束条件

　部品どうしをアセンブリするためには、3次元空間内での部品どうしの位置関係を定義する必要がある。これを拘束と呼び、定義する条件を拘束条件と呼ぶ。X、Y、Z座標を用いて拘束条件を定義することもできるが、部品数が増えると煩雑になるため、通常は座標による定義はおこなわない。一般的には、直接接触する部品どうしの相対的な位置関係を個々に定義していくことで、すべての部品の位

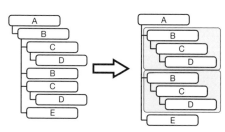

［図32-3］アセンブリのツリー

置関係を定義する。具体的には、部品の面どうしの位置関係を定義する「整列」「合致」「回転」や、軸と穴の位置関係を定義する「挿入」などの方法がある。

2.1 | 面どうしの拘束

部品どうしの位置関係を決める代表的な方法として、**整列**や、**合致**、**回転**の3つによっておこなう。整列は**図32-4**のように、2つの部品の面の向き（面には表と裏がある）を合わせる拘束である。逆に**図32-5**のように、面どうしを向き合わせることを合致と呼ぶ。回転は**図32-6**のように、部品どうしの回転角（回転中心を一致させた際の面どうしの回転角）を決めることである。整列や合致では、基準となる部品の面から他方の部品の面までのオフセット量を決められるので、部品どうしの位置関係を細かく定義できる。たとえば**図32-7**に示すように、部品Aから部品Bと部品Cまでの距離をそれぞれ指定することにより、部品どうしが直接接触していなくても空間内での位置関係を自由に定義できる。

3次元空間内で部品どうしの位置関係を定義するためには、独立した3組以上の拘束を定義する必要がある。**図32-8**は整列、合致を用いて直方体上に円錐を固定した例である。直方体の面と、円錐の中心で交差する面を、オフセット量を決めて整列で拘束し、円錐の底面と直方体の上面を合致により拘束している。

2.2 | 軸や穴での拘束

軸と穴の位置関係を定義することを**挿入**と呼ぶ。挿入は、たとえば**図32-9**に示すような軸に平歯車を固定する拘束に用いられる。この拘束は、基本的には穴の中心と軸の中心をそろえるだけである。どのくらいの深さまで入れるかを決めるには、穴のある平面と軸の先端の平面との距離を定義する必要がある。

この挿入を用いて拘束を定義すると、部品設計の確認をすることもできる。たとえば複数のネジやピンによって固定される部品では、固定に用いる穴の数が増えると、穴の位置がすべて正確に定義されているか不安になる。そこで、部品どうしの拘束を挿入の定義を用いておこなう。実際に組み立てに使用する穴どうしで位置関係を拘束すると、穴の位置が間違っていた場合は、拘束が成立せず、エラーが

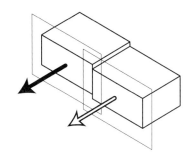

［図32-4］面どうしの拘束（整列）

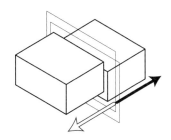

［図32-5］面どうしの拘束（合致）

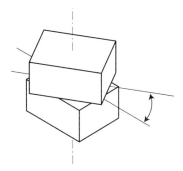

［図32-6］面どうしの拘束（回転）

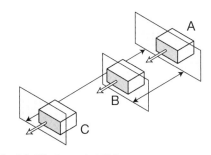

［図32-7］オフセットの設定

発生する。このエラーが発生しないように部品の修正をおこなうと、実際に部品を製造する前に間違いを防げる。

2.3 | 拘束の複製

CADを使う利点として、作成したデータを複製して何度も再利用できることが挙げられる。拘束の定義でも同様に、同じ種類の部品のコピーと拘束のコピーを同時におこなえる。たとえば**図32-10**に示すような円周上に配置された穴へボルトを拘束するとする。初めに1本のボルトの拘束を定義し、それを円周上に配置する角度を決めてコピーする。そのほかにも、複数個の部品を1列に並べて配置する場合なども、この機能は非常に便利である。しかし部品と拘束の定義を同時に複製した場合は、コピーした定義に含まれるもの（フィーチャーのデータや拘束）がすべて継承されるため、複製後に一部の部品の定義を単独で修正することはできない。

2.4 | 可動自由度の定義

空間内で部品どうしを完全に拘束する場合には、位置決めに必要な3組の拘束条件の定義が必要である。しかし条件を意図的に減らすことによって、決められた方向へ動作する可動自由度として定義することができる。たとえば軸へ挿入される部品の定義をおこなう際には、3条件（挿入＋軸方向のオフセット＋軸周りの回転角）のうちのいずれかをあえて定義しない、という選択肢がある。軸方向の拘束を定義しない場合は、部品が軸上を直線運動できる。また軸周りの回転角を定義しない場合は、回転自由とすることができる。直交する3平面で構成する部品どうしでも同様にして、2条件のみ拘束を定義することによって、直動するスライダ機構などを作成することができる。

複数の部品間で可動自由度の定義をおこなうと、CAD上でリンク機構の運動を再現することができる。**図32-11**は回転運動と直動運動で構成するスライドクランク機構を再現したものであり、1か所の直動スライダと3か所の回転軸を定義し再現している。直動スライダはレール上に拘束されたスライダの拘束の定義のうち、スライダがすべる方向を自由にして実現する。また回転軸は、挿入（軸の一致）と軸方向のオフセットの拘束のみをおこない、回転角の拘束を自由にして実現する。拘束条件が決定すると構成

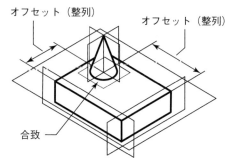

［図32-8］3次元空間内での完全な位置決め

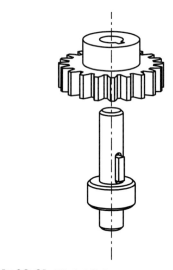

［図32-9］軸と穴の拘束

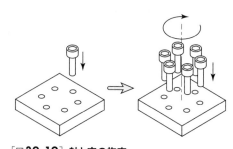

［図32-10］軸と穴の拘束

部品の動きが制限されるため、画面上で可動するどの部品を動かしてもスライダクランク機構として動作する。複雑なリンクの動作を解析したい場合は、実際にリンク機構を試作して動作実験をおこなわなくても、3次元CADソフト上で簡単にシミュレーションをおこなえる。

3 アセンブリファイルを用いた解析

アセンブリファイルを用いた重要な機能には、部品どうしの干渉の確認や、機構として動作させた際の可動範囲の確認などがある。また高性能なCADソフトを用いると、部品間にかかる力の相互作用の解析や、部品を組み立てた状態での構造解析などもおこなえる。

3.1 | 干渉解析

3次元CADでは、実際に部品を製作して組み立てる前に、部品どうしの空間的な位置関係を視覚的に確認できる。さらにアセンブリファイルによって部品どうしの干渉解析をおこなうと、**図32-12**に示すように、干渉する領域を表示できる。2次元CADや図面で干渉解析をおこなうには、干渉の疑いのある箇所の断面図を作成し、部品間の距離を算出して検査する必要がある。この方法では、複雑な形状の部品や、曲面どうしが近接するような場合は判断が難しい。しかし3次元CADではパートファイルで表現された部品を空間内での領域として考え、図32-12のように領域どうしが重なりを干渉箇所として図示できる。また、その際に干渉する領域の体積も計算できる。

3.2 | 動作解析

アセンブリファイルの作成時に部品どうしの拘束条件を適正に設定すると、3次元CAD上にて動作の解析をおこなうことができる。動作解析として頻度の高いものはリンクや部品の可動範囲の確認であり、可動範囲内でほかの部品との干渉を確認したり、リンク機構の特異姿勢を確認したりすることができる。さらに高性能なCADソフトでは、各部品どうしの摩擦条件などを含む拘束条件を詳細に定義することができる。これより、リンク機構などへ動的に変化する力を与えたときの挙動を、動力学シミュレーションにより解析することができる。

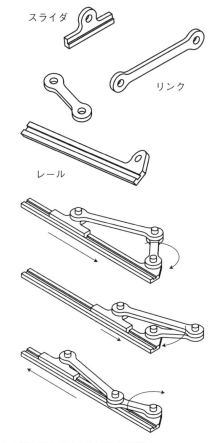

［図**32-11**］**スライダクランク機構**

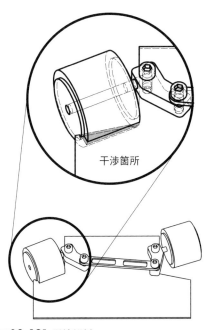

［図**32-12**］**干渉解析**

Chapter 33 ドラフティング

1 ドラフティングとは

ドラフティングとは、作成した3次元モデルを2次元図面へ変換する作業である。たとえば、**図33-1**に示す部品の3次元モデルから**図33-2**の2次元図面を作成できる。CADを用いた図面作成の利点は、必要な作業工程が手描きの図面にくらべて少ないこと、サイズなどの修正が簡単にできること、3次元モデルの修正が2次元図面上へすぐに反映されることである。

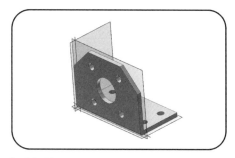

[図33-1] 部品のモデリング

2 図枠と表題欄の作成

ドラフティングを始める前に、**図33-3**に示すような図枠と表題欄を作成する。あらかじめ各用紙サイズにあわせた図枠を、データとして用意しておくとよい。CADソフトによっては、図面フォーマットとして図枠と表題欄のデータを登録し、必要に応じて呼び出して使用できる。

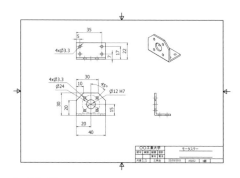

[図33-2] 2次元図面化された部品

3 投影図の配置

図枠と表題欄を用意したら、部品モデルの各投影図を図枠の中に配置していく。まず、正面図にしたい面を選択して配置する。ここで、配置する部品の方向について注意が必要である。**図33-4**に示すように、部品には定義された固有の方向があり、モデリングの際に必ず決まってしまう。たとえば、部品の正面としたい面が、別の方向の面として定義されている場合がある。部品の方向を意識せずにモデリングをおこなうと、意図しない向きに定義されてしまう場合があり、ドラフティングの際に図の向きの調整が必要となる。この問題は、モデリングの段階で、図面化を考えて向きを定義しておけば解決できる。

次に、正面図の周辺へその他の投影図を配置する（**図36-5**）。投影図を追加するには、それぞれの投影方向を指定するだけでよい。CADでは投影図を無限に増やせるが、必要なものだけを配置する。

主要な投影図を配置したら、必要に応じて断面図や部分断面図を追加する（**図36-6**）。3次元CADでは、任意の箇所での断面図を瞬時に表示可能である。だが、断面図が

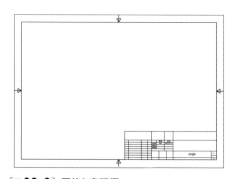

[図33-3] 図枠と表題欄

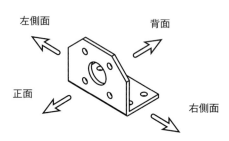

[図33-4] 部品固有の方向

増えると図面全体が煩雑になるため、断面図の追加は必要最低限にとどめるべきである。切断箇所の表示と断面図の名称は、この時点で図へ描き加える。

4 補助線の追加

配置した各投影図は、外形線のみ表示されているので、かくれ線や中心線などの補助線を追加する。CADソフトによっては、自動ですべての補助線を追加する機能をもつ。ただし、ソフトが自動で追加した線には不要なものが含まれることも多いため、妥当性を確認すべきである。

また**図36-7**のように円周状にねじ穴などを配置する場合は、中心線を円弧として描く必要がある。このような場合、モデリングにおいてすべての穴をグループとして定義しておけば、円弧状の中心線が自動で追加される。

5 サイズの記入

補助線の次にサイズを追加する（**図36-8**）。サイズを追加したい箇所（頂点、辺、円形の部分など）を選択し、サイズを配置したい場所を指定する。すると、寸法補助線、寸法線、寸法数値が追加される。

ここで重要なのは、サイズを過不足なく記入することであり、とくに重複したサイズの記入に注意する必要がある。自動でサイズを追加する機能をもつCADソフトもあるが、その機能を用いると、モデリング時に登録したすべてのサイズが表示されるため、重複したサイズの記入が生じやすい。したがって、不要なサイズを消す作業が必要となる。逆にいうと、2次元図面におけるサイズの過不足まで考慮してモデリングをおこなっていれば、サイズの自動追加機能を用いても問題は生じない。

サイズを追加した後は、必ずサイズ公差を記入する。モデリングの際にサイズ公差まで記入することはあまりないので、図示サイズの追加後に別途記入する必要がある。

引き出し線が必要なサイズ（たとえばネジ部のサイズ）や表面粗さの指示は、注記として引き出し線とともに追加する。注記を追加する場合は、追加したい部位に引き出し線の先端を固定し、注記する項目が見やすい場所まで引き出し線を伸ばす。組立図で構成する部品の照合番号を示すバルーン（**Chapter 12**）も同様の方法で記入する。

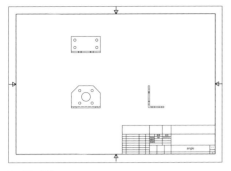

[図33-5] 撮影図の配置

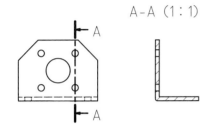

[図33-6] 断面図の追加

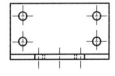

[図33-7] 中心線の追加

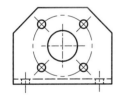

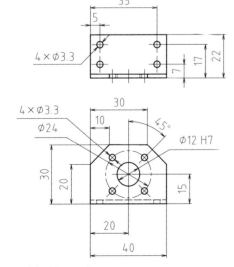

[図33-8] サイズの追加

Part 4 練習問題

問31-1 モデリング〈工業製品のモデリング〉

身近にある工業製品を採寸し、3次元CADを用いてモデリングせよ。曲線もなるべく正確に再現すること。

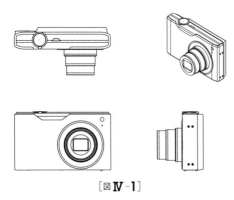

［図Ⅳ-1］

問32-1 アセンブリ〈拘束条件〉

簡単なリンクモデル（4節リンク機構）を作成し、各リンクの動作範囲を解析せよ。最初にモデリングをおこない、4節リンク機構に必要な4本のリンクと、4本のシャフトを用意する。次にアセンブリによって左図に示すリンク機構の組み立てをおこなう。

(a) 4節リンク

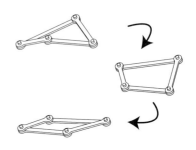

(b) 動作範囲の解析

［図Ⅳ-2］

問32-2 アセンブリ〈効率のよい組み立て〉

　実際に部品の設計をおこない、アセンブリモデルを作成せよ。図Ⅳ-3(a)に示す例は、空気圧シリンダで開閉する四指のハンドのアセンブリモデルである。このハンドは図(b)のように、一指ずつ組み立てられたセミアセンブリファイルを統合したものである。この例にならって、セミアセンブリファイルを効率よく使用してアセンブリモデルを作成すること。

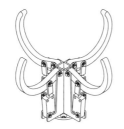

(a)ハンド

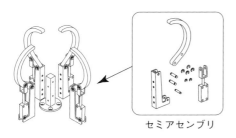

(b)アセンブリ

［図Ⅳ-3］

問33-1 ドラフティング〈CAD総合〉

　モデリングからドラフティングまでの一連の工程を実施し、アセンブリモデルを図面化せよ。

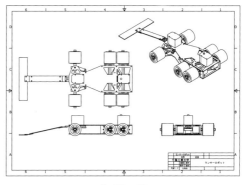

［図Ⅳ-4］

The References これが使ってよい表記法だ！

これらはJISで許可されている各種の表記法を整理して示したものである。
サイズなどを記入する際、描こうと思っている表記法が正しいのか不安になったら参照してほしい。
これらの図面の中に一致するものがあれば、それは使ってよい表記法である。

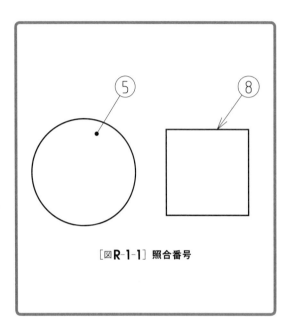

［図R-1-1］照合番号

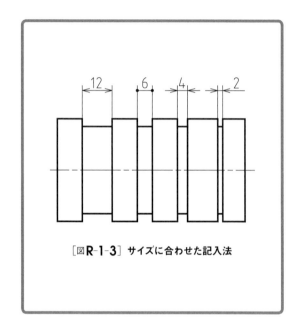

［図R-1-3］サイズに合わせた記入法

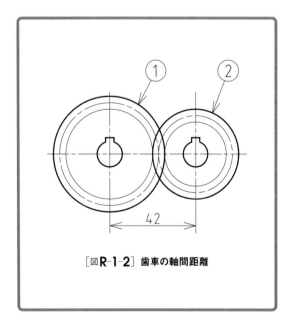

［図R-1-2］歯車の軸間距離

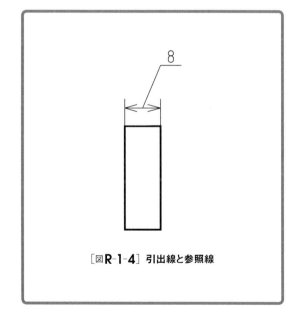

［図R-1-4］引出線と参照線

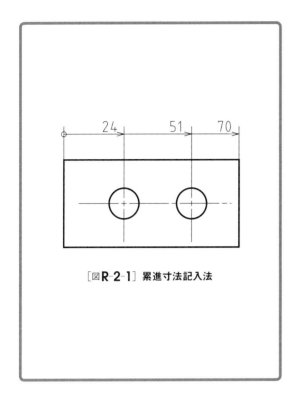

[図R-2-1] 累進寸法記入法

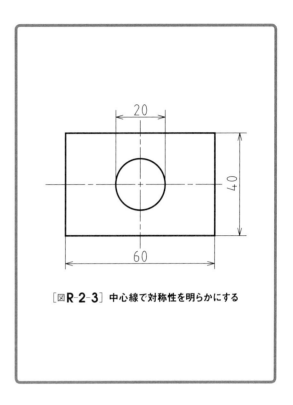

[図R-2-3] 中心線で対称性を明らかにする

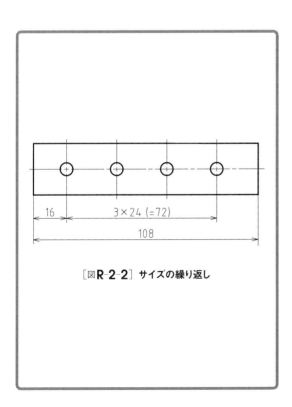

[図R-2-2] サイズの繰り返し

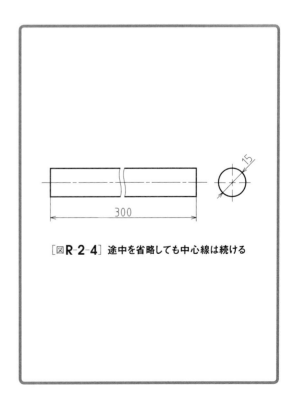

[図R-2-4] 途中を省略しても中心線は続ける

The References | これが使ってよい表記法だ！

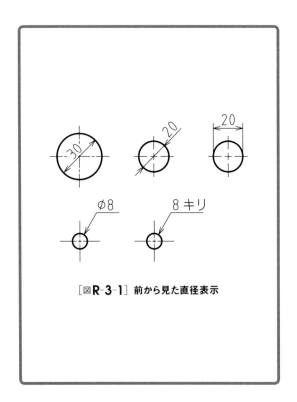

［図 R-3-1］前から見た直径表示

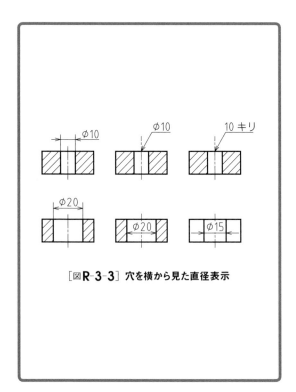

［図 R-3-3］穴を横から見た直径表示

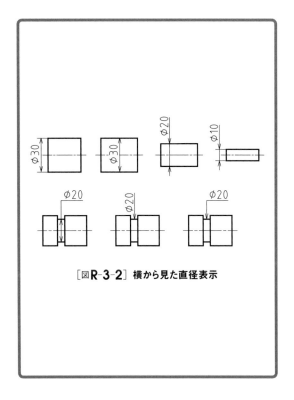

［図 R-3-2］横から見た直径表示

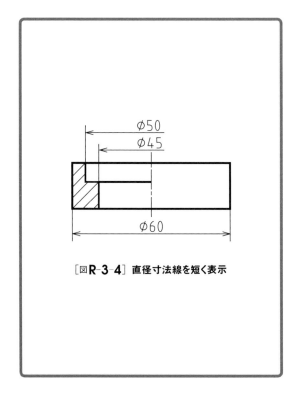

［図 R-3-4］直径寸法線を短く表示

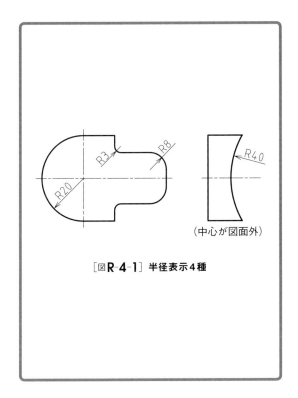

[図R-4-1] 半径表示4種

（中心が図面外）

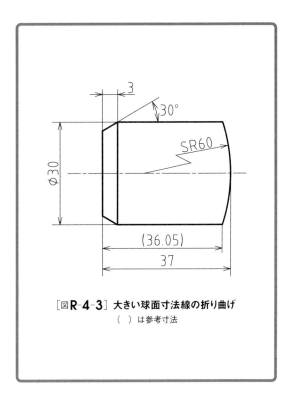

[図R-4-3] 大きい球面寸法線の折り曲げ
（ ）は参考寸法

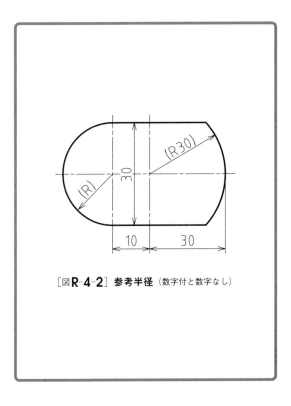

[図R-4-2] 参考半径（数字付と数字なし）

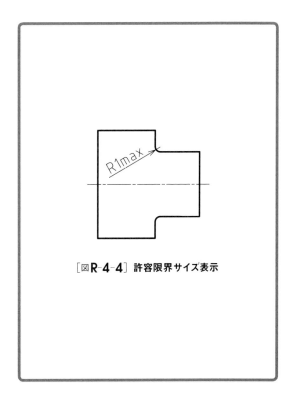

[図R-4-4] 許容限界サイズ表示

The References | これが使ってよい表記法だ！

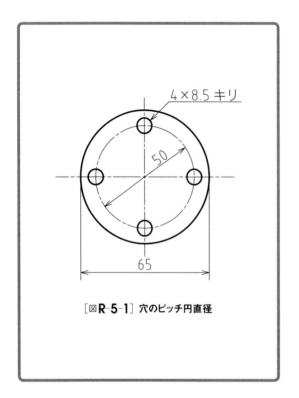

［図 R-5-1］穴のピッチ円直径

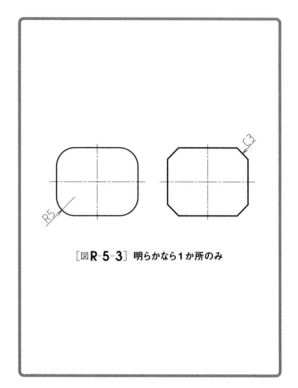

［図 R-5-3］明らかなら1か所のみ

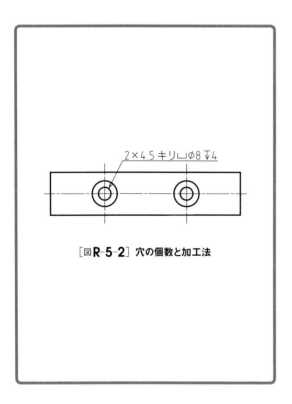

［図 R-5-2］穴の個数と加工法

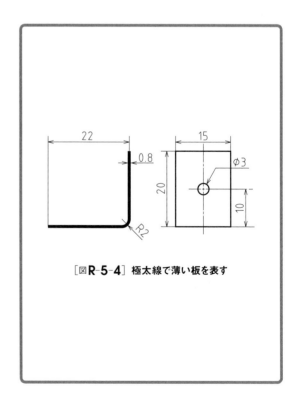

［図 R-5-4］極太線で薄い板を表す

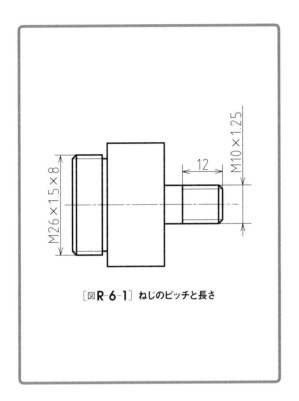

[図R-6-1] ねじのピッチと長さ

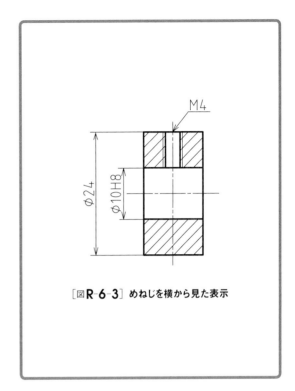

[図R-6-3] めねじを横から見た表示

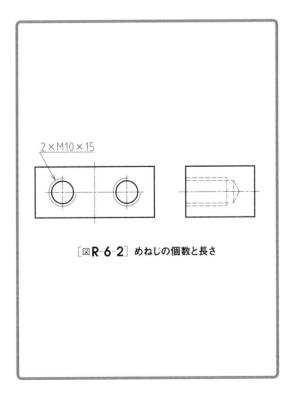

[図R-6-2] めねじの個数と長さ

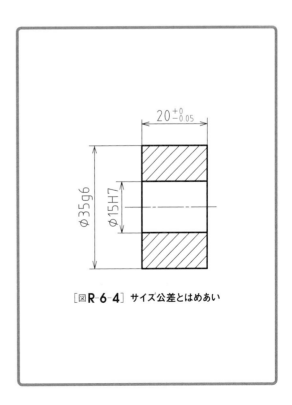

[図R-6-4] サイズ公差とはめあい

The References | これが使ってよい表記法だ！

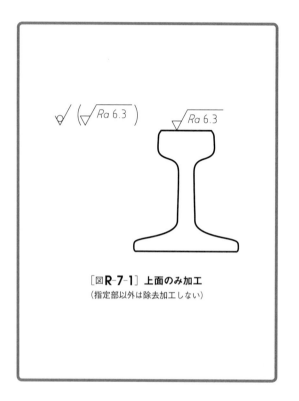

[図R-7-1] 上面のみ加工
(指定部以外は除去加工しない)

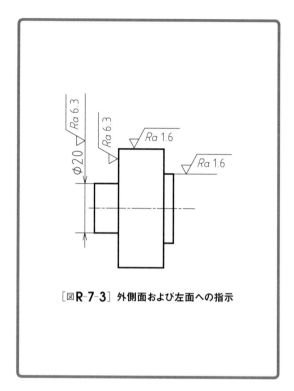

[図R-7-3] 外側面および左面への指示

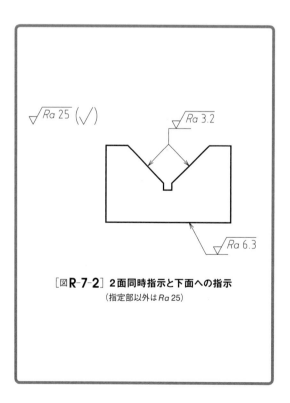

[図R-7-2] 2面同時指示と下面への指示
(指定部以外はRa 25)

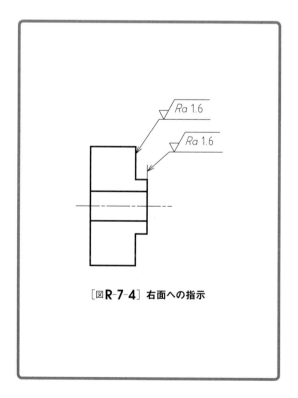

[図R-7-4] 右面への指示

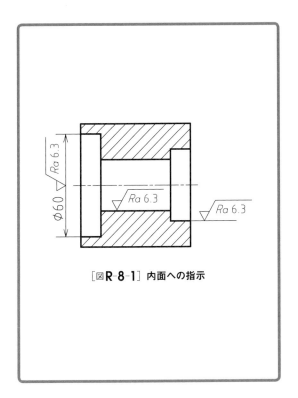

[図R-8-1] 内面への指示

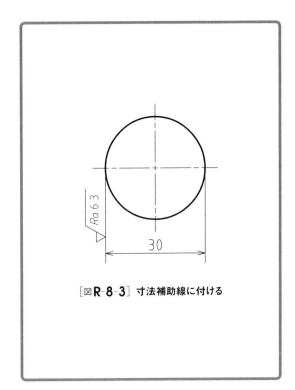

[図R-8-3] 寸法補助線に付ける

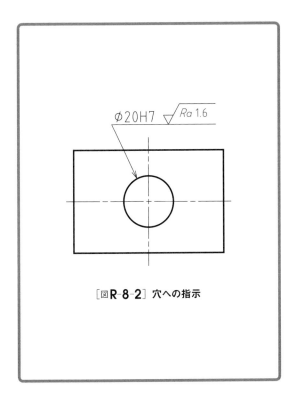

[図R-8-2] 穴への指示

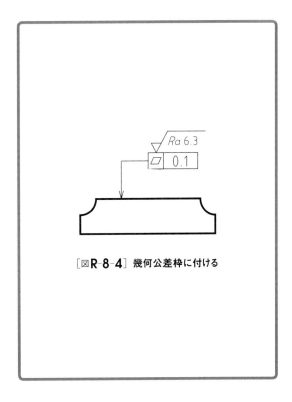

[図R-8-4] 幾何公差枠に付ける

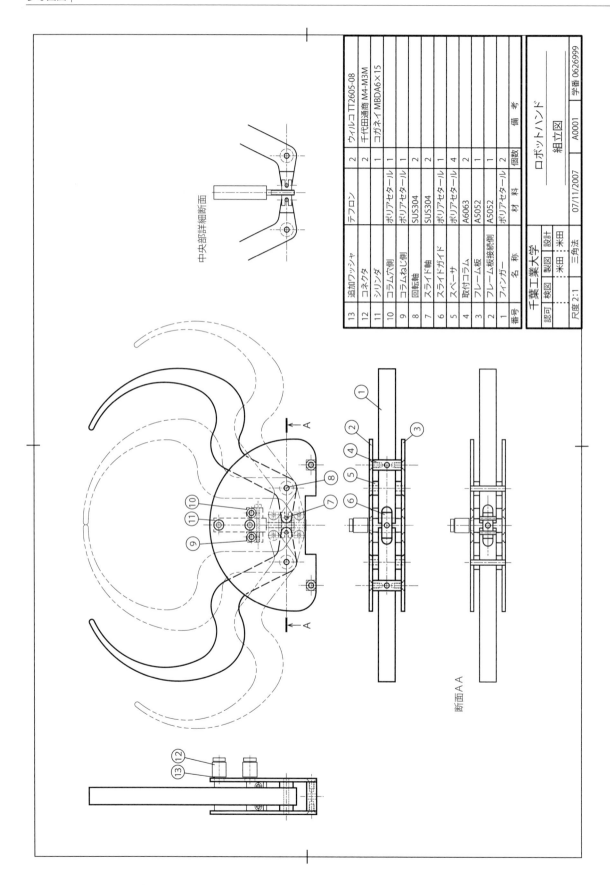

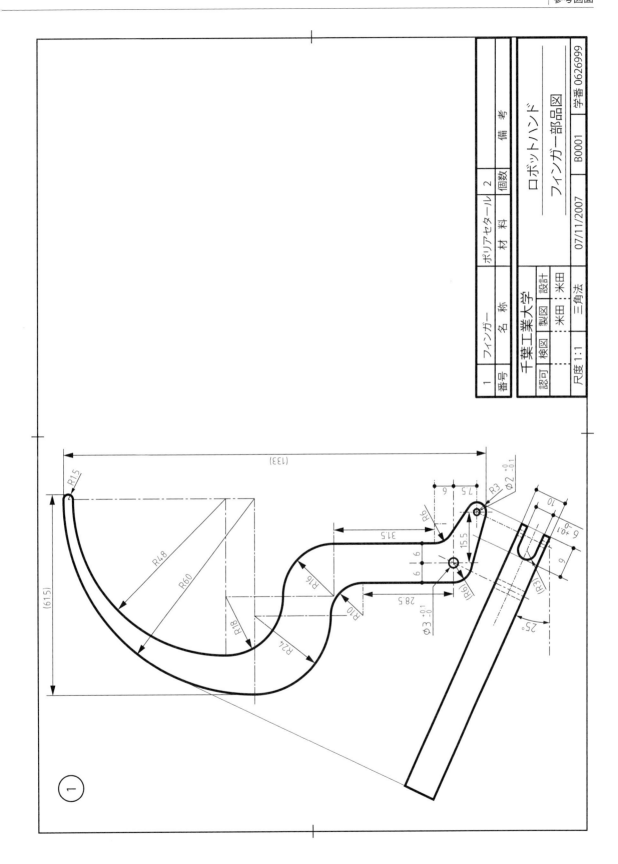

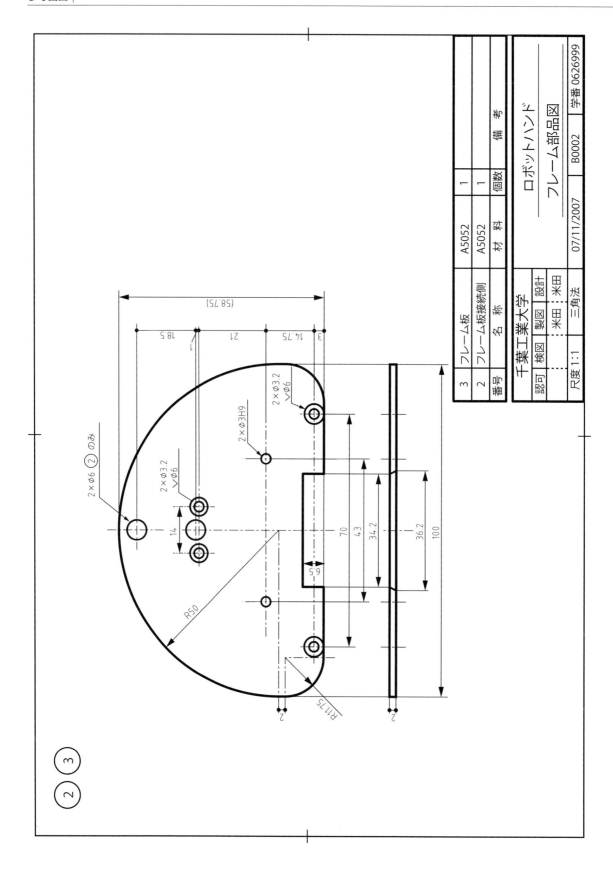

練習問題解答

問1-1 三面図の描き方〈外形線〉

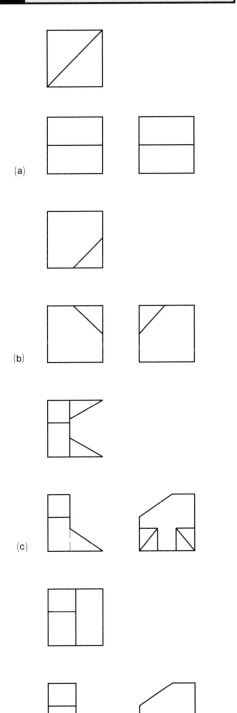

問1-2 三面図の描き方〈正面の選び方〉

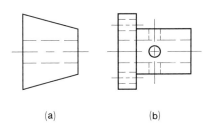

問1-3 三面図の描き方〈三面図で見えるもの〉

・平面図の右側に縦線が必要。
・右側面図の上2本の横線はかくれ線にすべき。

問1-4 三面図の描き方〈図が必要な方向〉

上面図がなくてもわかる：(a)(b)(c)

左側面図の追加が必要：(d)（左側突起の形が不明）

問1-5 三面図の描き方〈正面図の理解〉

答．(a)

問2-1 線〈線の種類〉

―――――――
実線：外形線、寸法線、寸法補助線、引出し線、参照線

- - - - - - -
破線：かくれ線

―・―・―・―
一点鎖線：中心線

―・・―・・―
二点鎖線：想像線

問2-2 線〈線の太さ〉

―――
細線：寸法線、寸法補助線、引出し線、参照線ほか

―――
太線：外形線

―――
極太線：薄肉断面

問2-3 線〈太い線と細い線〉

必ず太い：a
必ず細い：c, d, e, f, g, h

問2-4 線〈線の太さと種類〉

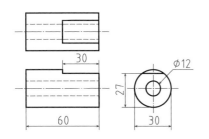

問2-5 線〈線の太さと種類〉

問3-1 断面図〈切断のしかた〉

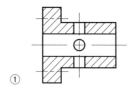
①

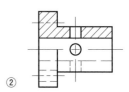
②

問3-2 断面図〈切断しないもの〉

答．軸、ピン、ボルト、ナット、ボール、キーなど

問3-3 断面図〈断面図に示すもの〉

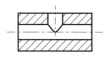

・縦穴の中はハッチングしない。
・横穴の左右端の線が見える。
・縦横穴の交線が見える。

問3-4 断面図〈切断しないもの〉

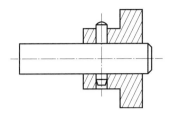

- ピンの上側丸部、下側テーパー部、および軸の右側面取り部には境界線が見えることに注意。
- なお、軸のピン穴周辺は、わかりやすくするために特別に断面を示してもよい。

問3-5 断面図〈切断面の位置〉

- 断面中のざぐり穴は上1つだけ。
- ざぐり穴の段付き部の境界線が見える。

問4-1 サイズの記入〈サイズの基準点〉

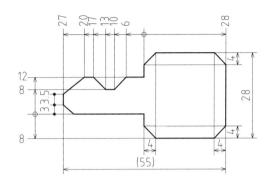

鍵の機能から、長さ方向は挿入部の根元を基準とする。また、高さは挿入部の底面を基準とする。重要な持ち手全体のサイズを記入するため、45°の部分は個別にサイズを記入する。全長は付随的な参考寸法とする。

問4-2 サイズの記入〈記入する場所の選び方〉

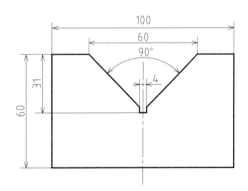

溝は90°であることを指定し、斜面下端の深さ方向の位置は記入しない。逃げ溝の下端がV字（の延長線）の頂点より深くなるようにサイズを記入する。左右対称形のときは60と書けば中心から左右に30ずつとなる。

問4-3　サイズの記入 〈サイズを入れる場所と向き〉

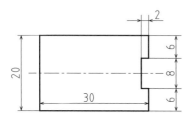

・右側3か所の数字の方向。
・上の2の部分に端末記号（矢印）。

問4-4　サイズの記入 〈寸法線と寸法補助線の記入方法〉

(a)〜(e)のすべてにまちがいが含まれる。修正方法は以下のとおり。

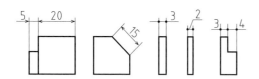

(a) 5の部分の書き方を修正。20の寸法線に矢印を付ける。
(b) 数字の向きを寸法線に合わせる。
(c) 寸法線を左側にも描く。
(d) 寸法線に端末記号を付ける。引出線に矢印を付けない。
(e) 寸法線の中央部にも端末記号を付ける。

問4-5　サイズの記入 〈直列と累進の記入〉

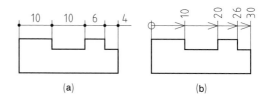

(a) 矢印を描くには狭いので、●印にするとよい。4の数字を書くスペースが狭いときは外側に書くとよい。

問5-1　直径・半径のサイズの記入 〈断面図〉

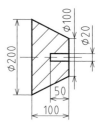

問 5-2　直径・半径のサイズの記入　〈正面図と平面図〉

以下のどちらも可。

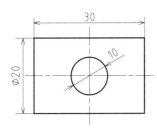

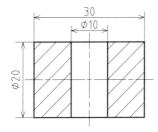

問 5-3　直径・半径のサイズの記入　〈直径と半径指定に必要なもの〉

　直径指示は、引出線を使用する場合にはφが必要だが、加工法から円であることが明らかなのでφは不要でまちがいなし。

　半径指示は、中心が図面内にあるときは中心から線を描かなければならない。そのため、矢印の線を中心までのばす。(Rの文字はなくてもよい。)

問 5-4　直径・半径のサイズの記入　〈見やすい記入法〉

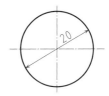

　寸法線は中心線と重ならないように斜めにするのがよい。

問 5-5　直径・半径のサイズの記入　〈φの必要なもの〉

答. (b) (f) (g)

問6-1 穴の個数・深さ・加工方法の記入〈ドリルとリーマ〉

・平面図に記入した場合

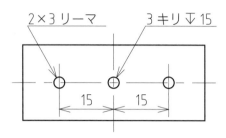

・正面図（断面図）に記入した場合

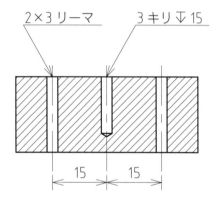

通常は、正面図に記載する（断面図にする必要はとくにない）。

問6-2 穴の個数・深さ・加工方法の記入〈ざぐりの指定〉

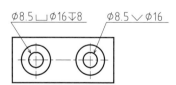

引出線は、ざぐり円ではなく、穴の円に付ける。

問7-1 ねじの記入〈ねじ径〉

（位置に関するサイズの記入は省略）

問7-2 穴の個数・深さ・加工方法の記入〈個数と深さ〉

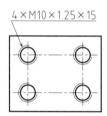

問7-3 ねじの記入〈めねじの線〉

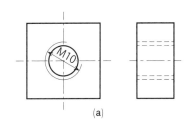

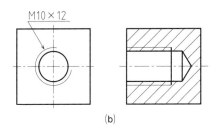

(a) 左：めねじは谷の円を4分3の細線で描く。寸法線の角度を変えて、谷の円がある部分に矢印が向くようにしている。

右：ねじのかくれ線は細線で山の線と谷の線を描く。

(b) 左：外側が細線の3/4円

右：谷の線は細線。ハッチングは山の線（太線）まで。下穴の円すい部境界線を描く。

問7-4 ねじの記入〈おねじの線と指定法〉

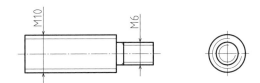

左図：谷の線は細線。M6の完全ねじ部の境界は太線。

右図：M6の谷の線は細線の3/4円。

問7-5 ねじの記入〈下穴深さ〉

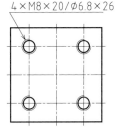

（位置に関するサイズの記入は省略）

問7-6 穴の個数・深さ・加工方法の記入〈ねじの通り穴〉

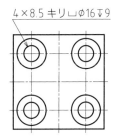

問8-1 表面粗さ〈パラメータの違い〉

Ra は基準長さの範囲全体の算術平均で、Rz は基準長さの範囲中の最大高さと最小高さの差である。Ra は一般にサイズの許容範囲を維持するためや、見た目の質感を出すときに使い、Rz は面を合わせて密閉する部分などに使う。

数字は 1.6　3.2　6.3　12.5

問8-2 表面粗さ〈表面の向き〉

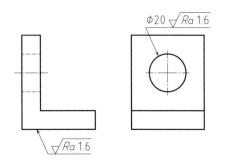

問8-3 表面粗さ〈指示の向き〉

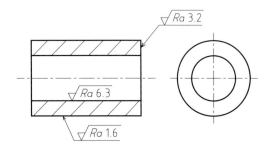

- 下面への指示は文字が逆さになるので引出線を使用する。なお、円筒外面への指示は下側ではなく上側に記入してもよい。
- 端面の引出線の先に矢印を付ける。

問8-4 表面粗さ〈算術平均粗さ〉

1周期のみ抽出した下図のように、単純平均以下の部分を反転させた絶対値の平均を算出する。

答．$Ra\ 2.5$

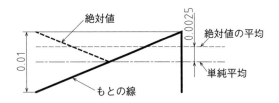

問9-1 面取り〈必要性〉

- 手で触れる部分を鋭利でなくす(バリを除去する)。
- 軸部品を穴へ入れやすくする(軸心を合わせやすくする)。
- 見た目をきれいにする。
- ほかの部品の内側の角部と当たらないようにする(すきまなく組み付けられるようにする)。

問9-2 面取り〈軸端の面取り〉

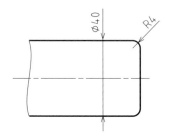

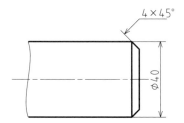

問9-3 面取り〈C面取り指定の向き〉

(b)面に垂直に引出線を描く。
(c)面の外側に引出線を描く。

問9-4 面取り〈R面取り指定〉

矢印先端から中心までの線(この場合は長さ1 mm)が必要。

問 10-1 溶接〈開先の形状〉

答．A：a、B：e、C：h

問 10-2 溶接〈溶接記号を用いた指定〉

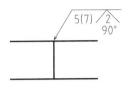

問 11-1 表題欄と部品欄〈図面に必須のもの〉

答．c, d, g, h, i

問 11-2 表題欄と部品欄〈不足修正〉

答．尺度、投影法

問 11-3 表題欄と部品欄〈不足修正〉

答．照合番号、製作個数

問 12-1 組立図〈照合番号の記入〉

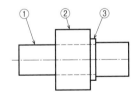

問 12-2 組立図〈組立図に必要なもの〉

答．必須①②③⑧⑨　推奨④

問 13-1 サイズ公差〈差の部分のサイズ公差〉

「150」と書いた部分のサイズの上限と下限はそれぞれ150.5と149.5。「120」と書いた部分のサイズの上限と下限はそれぞれ120.3と119.7。したがって、太い部分の長さの上限値は

$$150.5 - 119.7 = 30.8 \text{ mm}$$

下限値は

$$149.5 - 120.3 = 29.2 \text{ mm}$$

となる。

答．上限値：30.8 mm、下限値：29.2 mm

問 13-2 サイズ公差〈2つの穴の間隔〉

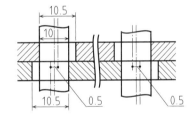

穴の間隔に対する許容差は±0.5 mmなので、部品AとBで穴の間隔に最大1 mmの差が生じる。このとき、上図のように、片方の穴の中心はAとBで0.5 mmずれる。したがって、穴の径を10.5 mmとすればボルトが必ず入る。

答．最大値：150.5 mm、最小値：149.5 mm、穴径10.5 mm

問 13-3 サイズ公差〈間隔と穴径の公差〉

穴径は「6を超え30以下」なので、許容差は±0.2 mmとなる。最もボルトを通しにくいのは、部品AとBで穴の中心が0.5 mmずれ、かつ両方の部品の穴径が最小（指定値より0.2 mm小さい）の場合である。したがって、穴径の指定値はボルトの直径より0.7 mm大きい必要がある。

答．10.7 mm

問14-1 軸と穴のはめあい〈すきまの計算〉

$\phi 50g6$の軸の許容差は$-25 \sim -9$ μm、$\phi 50H7$の穴の許容差は$0 \sim +25$ μmなので、すきまは最小9 μm、最大50 μm。

答．最小値：9 μm、最大値：50 μm

問14-2 軸と穴のはめあい〈はめあいの理解〉

答．④

問14-3 軸と穴のはめあい〈はめあいと普通公差の比較〉

答．19.8　20.2　19.967　20.000

問14-4 軸と穴のはめあい〈しまりばめの焼きばめ〉

$\phi 100n6$のサイズ公差は$+23 \sim +45$ μm、ベアリング内径$\phi 100$の公差は$-20 \sim +0$ μm
最大しめしろは65 μm

$$\frac{0.065 \div 100}{12.5 \times 10^{-6}} = 52℃$$

答．52℃

問15-1 幾何公差①〈データムの有無〉

答．d, e, f

問15-2 幾何公差①〈幾何公差の理解〉

答．⑤

問16-1 幾何公差②〈同心度の指定〉

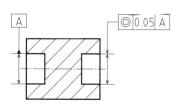

問16-2 幾何公差②〈穴の位置度と直径拡大量の関係〉

・位置度指定の場合
　穴のずれは最大で0.2 mmなので$\phi 10.2$ mm。
・普通公差適用の場合
　サイズの許容範囲は±0.3で、穴のずれは最大で
$$\sqrt{2} \times 0.6 = 0.85$$
なので、$\phi 10.85$ mm（問13-2の解答の図を参照）。

答．$\phi 10.2$、$\phi 10.85$

問16-3 幾何公差②〈指定不備により許容される形態〉

答．(a) ①、(b) ①②③

問 17-1 立体図〈三面図から立体図〉

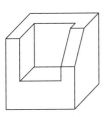

キャビネット図　　アイソメトリック図
(a)

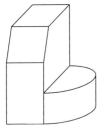

キャビネット図　　アイソメトリック図
(b)

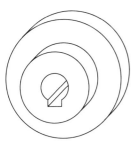

キャビネット図　　アイソメトリック図
(c)

問 18-1 ねじ〈ピッチ〉

らせんが1周するとピッチの分だけ進むので、板の厚さをピッチで割ればらせんが何周しているか求まる。

$$4 \div 0.8 = 5$$

答．5周

問 18-2 ねじ〈ねじの強度〉

1本あたりのねじで支えられるようにすべき力の大きさは

$$\frac{1000}{2} \times 3 = 1500 \text{ N}$$

となる。したがって、必要な許容張力は

$$\frac{1500}{1-0.7} = 5000 \text{ N}$$

である。これより大きな許容張力をもつねじ径はを選べばよい。

答．M8

問 18-3 ねじ〈ねじの軸力〉

p.067のトルクと軸力の式を変形すると

$$F = \frac{2\pi T}{l}$$

となるので、各数値を代入して計算すればよい。

$$F = \frac{2 \times \pi \times 1 \text{ Nm}}{0.004 \text{ m}} = 1570 \text{ N}$$

答．1570 N

問 18-4 ねじ〈各種ねじの特徴〉

答．①、②

問 19-1 歯車〈モジュール〉

p.069で述べたとおり、モジュールはピッチ円直径（mm）を歯数で割ったものなので、ピッチ円直径は

$$0.8 \times 60 = 48 \text{ mm}$$

となる。

答．48 mm

問19-2 歯車〈歯車の軸間距離〉

問19-1と同様に、2つの歯車についてピッチ円直径が求められる。

$$1.5 \times 18 = 27 \text{ mm}$$
$$1.5 \times 30 = 45 \text{ mm}$$

軸間距離は、2つの歯車のピッチ円直径の合計の1/2に等しいので

$$(27 + 45) \div 2 = 36 \text{ mm}$$

となる。

答．36 mm

問19-3 歯車〈歯車の力〉

ラックの速度は、単位時間あたりに平歯車の1枚の歯が進むピッチ円上の距離に等しいので、

ピッチ円直径 $\times \pi \times$ 単位時間あたりの回転数

$$= 0.8 \times 20 \times \pi \times \frac{600}{60}$$
$$= 503 \text{ mm/s}$$

となる。また、p.070の表19-1のいちばん下の式から、軸力は次のように得られる。

トルク $\div$ ピッチ円半径 $= 0.1 \div \left(\frac{0.8}{1000} \times 20 \div 2 \right)$

$$= 12.5 \text{ N}$$

答．速度：503 mm/s、推力：12.5 N

問20-1 軸受〈基本簡略図示方法〉

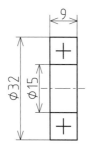

問20-2 軸受〈比例寸法図示方法〉

比例寸法図示方法のためには、図20-10（p.074）のAとBの値が必要となる。Bは軸受の厚さそのものなので、$B = 21$ mmである。Aはp.073の式で求まる。

$$A = \frac{80-35}{2} = 22.5 \text{ mm}$$

$A = 22.5$ でボール径が15になるので、断面図は以下のように描ける。

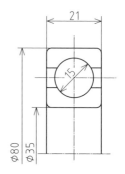

問20-3 軸受〈ベアリングの許容荷重と寿命〉

実現したい寿命を回転数に変換すると

寿命となる回転数 $= 1000 \times 60 \times 8 \times 2000$
$$= 960 \times 10^6$$

となる。p.075の軸受の寿命の式に各数値を代入すれば、必要な基本動定格荷重Cが求まる。

$$C = \frac{1000}{2} \times \left(\frac{960 \times 10^6}{10^6} \right)^{\frac{1}{3}} \fallingdotseq 4900 \text{ N}$$

答．形式6200

問21-1 キー結合〈キーの選択〉

キーは 12×8 で軸のキー溝深さ5

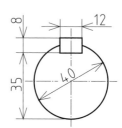

問21-2 キー結合〈キーの使用法〉

答. ②③

問22-1 止め輪〈止め輪を使う設計〉

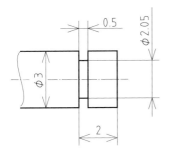

問22-2 止め輪〈止め輪と溝のサイズ〉

C型とE型では、溝の幅と径が異なる。

答. ③

問23-1 ばね〈一定力を出したいときのばね定数〉

p.081の式 $k = F/\delta$ を用いればよい。ただし、ばねに発生させたい力 F は、圧力と受圧面積の積として計算する。

$$k = \frac{0.8 \text{ MPa} \times 10 \text{ mm}^2}{5 \text{ mm}} = 1.6 \text{ N/mm}$$

答. 1.6 N/mm

問23-2 ばね〈力に応じて変位させたい場合のばね定数〉

5 mm あたり 0.1×9.8 N $= 0.196$ N/mm

答. 0.196 N/mm

問23-3 ばね〈ばねのサイズとばね定数〉

答. ①（巻き径に反比例する）
　　②（8倍になる）
　　③（弾性限界の変形率に依存する）

問24-1 金属材料と樹脂材料〈材料の選定〉

金属が望ましい：

① （樹脂では強度不足）
② （樹脂は通常電気を通さない）
③ （樹脂では熱伝導が悪い）
④ （樹脂では耐熱性が不足し、熱伝導も悪い）
⑤ （樹脂では熱伝導が悪い）
⑧ （樹脂では比重が低く、必要な重力を得るには全体が大きくなってしまう）

金属では不可能：

⑥ （金属では光が通らない）
⑦ （金属では熱伝導率が高く、熱くなってしまう）
⑨ （金属では光が通らない）

問24-2 金属材料と樹脂材料〈材料の選定〉

答. ③（正しくは、0.45％）

問25-1 加工と組立精度を考えた設計〈分割型にする設計〉

解答例。

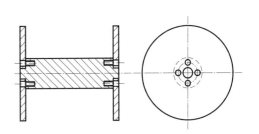

（サイズおよびボルトは省略）
軸端に突起をつくり、円板の穴に入るようにしている。
片側4個のねじで止める。

問25-2 加工と組立精度を考えた設計〈加工しやすい形状〉

② p.088 図25-4(a)参照
③ p.089 図25-6(b)参照

問26-1 機械材料の性質〈応力とひずみ〉

式より、ひずみの大きさは応力の大きさに比例して大きくなり、応力の大きさは棒材の断面積に反比例して小さくなる。丸棒材の断面積 $A_c = 25\pi$、角棒材の断面積 $A_s = 100$ となるので、丸棒材の応力（σ_c）と角棒材の応力（σ_s）の比は

$$\frac{\sigma_c}{\sigma_s} = \frac{100}{25\pi} = 1.27$$

となる。よって、丸棒材のひずみのほうが角棒材よりも1.27倍大きい。

答．丸棒材、1.27倍

問26-2 機械材料の性質〈丸棒材の軽量化〉

中空材の断面係数 Z_p を計算すると
$$Z_p = 5.8 \times 10$$
となる。これと等しい中実材の断面係数を得るためには、中実材の断面直径 D_s は、

$$D_s = \sqrt[3]{\frac{32 Z_p}{\pi}} = 8.4$$

となる。それぞれの棒材の重さの比は、それぞれの断面積の比に等しい。中空材の断面積を A_p、中実材の断面積を A_s とすると、断面積の比は

$$\frac{A_p}{A_s} = \frac{9.0\pi}{17.64\pi} = 0.51$$

となる。よって、中空形状とすることで重さが約半分になることがわかる。

答．約51%

問27-1 軸受の支持設計〈ベアリングが抜けない構造〉

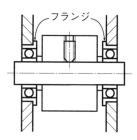

問27-2 軸受の支持設計〈軸が抜けない構造〉

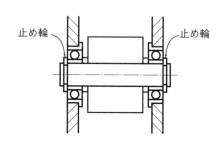

問27-3 軸受の支持設計〈方向と個数〉

② p.096 図27-4参照
③ p.097 図27-6参照

問29-1 構想図〈透視図法〉

2点透視図法

3点透視図法

問29-2 構想図〈透視図法〉

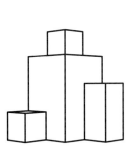
2点透視図法

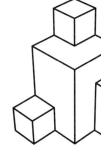
3点透視図法

問29-3 構想図〈パースの修正〉

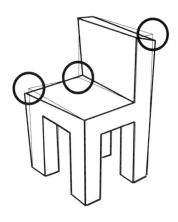

問29-4 構想図〈陰影の追加〉

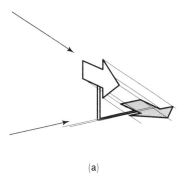

(a)

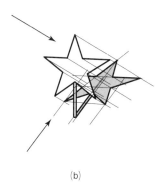

(b)

Index

【欧文】

CAD（Computer Aided Design）	108
C型止め輪（Cリング）	078
C面取り	024, 058
E型止め輪（Eリング）	078
JIS	003
NC工作機	089
R面取り	025, 058

【あ】

アイソメトリック図	047, 048
アセンブリ	109, 110, 116, 122
圧縮強さ	093
穴基準のはめあい	037
アルミニウム	082
板ばね	080
一条ねじ	065
位置度	038, 044, 061
一体成型	088
一点鎖線	004, 008
糸面取り	025
インボリュート曲線	069
インロー	091
ウォームギヤ	068
内歯車	068
永久ひずみ	093
円周振れ	039, 045
円筒度	043
エンドミル	089
応力	092, 104
応力集中	090
応力-ひずみ線図	092
おねじ	020, 064

【か】

外形線	008, 050
開先	026, 058
開先角度	027
開先深さ	027
角ねじ	064
かくれ線	009
かさ歯車	068
片側断面図	011
片持ち軸	096
硬さ	094

下面図	006
キー	076, 085
キー溝	076
幾何公差	038, 061
基準円 → ピッチ円	
基線（溶接記号）	026
基礎円	069
基礎となる許容差	035
基本サイズ公差等級	035
基本静定格荷重	075
基本動定格荷重	075
逆パース	101
キャビネット図	046, 047
組立図	002, 030, 059
現尺	004
減速比	070
コイルばね	080
公差クラス	036
公差表示方式	032
剛性	095
構想図	098, 105
こう配キー	076
降伏応力	093
降伏点	093
極太線	008, 128
転がり軸受	072
ころ軸受	072

【さ】

サーフェイスモデル	112
サイズ	004, 012
サイズ許容区間	032, 035
サイズ公差	032, 035
最大実体公差方式	041
最大高さ粗さ	022
座金	066
座屈	093
三角ねじ	064
参考寸法	015
算術平均粗さ	022
参照線	013, 017, 124
三面図	003, 006, 050, 062
シェル加工	114
軸受	072, 085, 105
軸基準のはめあい	037
軸測投影法	046

軸方向の全振れ公差	045
実線	004, 008
実用データム形体	039
自動調心軸受	072
しまりばめ	034, 074
シャーリング	089
尺度	004
射出成形	083
斜投影法	046
重心線	009
シューティング	112
縮尺	004
樹脂	083, 086
ジュラルミン	082
照合番号	003, 029, 031, 059, 124
消失点	100
正面図	003, 006, 050
上面図	006, 051
真円度	038, 043
靱性	095
真ちゅう	082
真直度	038, 042
水平線	100
数値解析	109
すきまばめ	034, 074
すぐばかさ歯車	068
すぐばラック	068
スケッチ	113
図示サイズ	033, 035
ステンレス鋼	082
すべり軸受	072
スラスト軸受	072
寸法線	012
寸法補助記号	017
寸法補助線	012, 016, 131
脆性	095
正投影法	046
切断線	009, 011
切断面	010, 052
せん断強さ	094
全断面図	011
旋盤	090
全振れ公差	045
想像線	009
側面図	003
塑性変形	093
ソリッドモデル	112

【た】

第一角法	007
台形ねじ	064
第三角法	007
縦弾性係数	092
縦ひずみ	092
玉軸受	072
弾性限度	093
弾性変形	092
端末記号	012
断面記号	011
断面図	003, 010, 052
縮み率	047, 049
中間ばめ	034
中心線	009, 125
中心マーク	029
鋳造	089
中立面	094
重複寸法	015
直列寸法記入法	014, 054
直角度	038, 044
強さ	093
データム	039, 061
テーパねじ	064
テーパ結合	091
転造	065
投影図	006, 120
投影法	007
投影法マーク	007
等角図	047, 048
等角投影図 → アイソメトリック図	
等角投影法	047
透視図法	100, 105
透視線	100, 106
同心度	039, 045, 061
特殊指定線	009
止め輪	078, 085
ドラフティング	109, 111, 120, 123

【な】

内力	092
並目ねじ	065
二条ねじ	065
二点鎖線	004, 008
二等角投影図	047
日本工業規格 → JIS	
ねじ	020, 064, 084, 129
ねじり強さ	094

Index

ねじりばね	080

【は】

パースライン → 透視線	
倍尺	004
ハイポイドギヤ	069
背面図	006
鋼	082
歯車	068, 084, 124
歯先円	069
はすば歯車	068
はすばラック	068
破線	004, 008
破断線	009
歯底円	069
ハッチング	010
ばね	080, 086
ばね定数	080, 086
ハブ穴	076
はめあい	034, 060, 129
板金加工	089
半月キー	076
比較目盛	029
引出線	013, 017, 124
ひずみ	092, 104
左側面図	006
左ねじ	064
ピッチ	065, 084
ピッチ円	069
引張試験	092
引張強さ	093
表題欄	028, 031, 059, 120
表面粗さ	005, 022, 057
表面性状	022
表面性状記号	023
平歯車	068
フィレット加工	114
深溝玉軸受	072
普通幾何公差	040
普通公差	005, 033
フックの法則	092
不等角投影図	047
不完全ねじ部	020
太線	008
部品図	002
部品表	031
部品欄	029, 059
フライス盤	089
プラスチック → 樹脂	
平行キー	076
平行度	038, 043
平面図	006
平面度	038, 042
並列寸法記入法	014
補助投影図	007
細線	008
細目ねじ	065
ポリエチレン	083

【ま】

まがりばかさ歯車	068
曲げ強さ	094, 104
右側面図	006
右ねじ	064
メートルねじ	064
めねじ	020, 064, 129
面取り	024, 057, 114
モジュール	069, 084
モデリング	109, 110, 112, 122
モデル解析	111

【や】

矢（溶接記号）	026
焼き入れ	082
やまば歯車	068
ヤング率	092
有効ねじ部	021
溶接	026
溶接継手	026
溶接深さ	027, 058
横弾性係数	094
呼び径（ねじ）	021, 064

【ら・わ】

リード	065
立体図	046, 062
両持ち軸	096
輪郭線	029
りん青銅	082
累進寸法記入法	014, 054, 125
累積誤差	033
ルート間隔	027
ワイヤフレーム	112

著者紹介

米田　完　博士（工学）
　　1987年　東京工業大学大学院理工学研究科物理学専攻　修了
　　現　在　千葉工業大学先進工学部未来ロボティクス学科　教授

太田祐介　博士（工学）
　　2000年　東京工業大学大学院理工学研究科制御工学専攻　修了
　　現　在　千葉工業大学先進工学部未来ロボティクス学科　教授

青木岳史　博士（工学）
　　2004年　東京工業大学大学院理工学研究科機械宇宙システム専攻　修了
　　現　在　千葉工業大学先進工学部未来ロボティクス学科　教授

NDC 531　158 p　26 cm

これだけは知っておきたい！機械設計製図の基本

2016年12月6日　第1刷発行
2025年 1月16日　第10刷発行

著　者　米田　完・太田祐介・青木岳史
発行者　篠木和久
発行所　株式会社　講談社　　KODANSHA
　　　　〒112-8001　東京都文京区音羽2-12-21
　　　　　　販　売　(03)5395-5817
　　　　　　業　務　(03)5395-3615
編　集　株式会社　講談社サイエンティフィク
　　　　代表　堀越俊一
　　　　〒162-0825　東京都新宿区神楽坂2-14　ノービィビル
　　　　　　編　集　(03)3235-3701
印刷所　株式会社　双文社印刷
製本所　株式会社　国宝社

落丁本・乱丁本は，購入書店名を明記のうえ，講談社業務宛にお送りください．送料小社負担にてお取替えします．なお，この本の内容についてのお問い合わせは講談社サイエンティフィク宛にお願いいたします．
定価はカバーに表示してあります．

© K. Yoneda, Y. Ota and T. Aoki, 2016

本書のコピー，スキャン，デジタル化等の無断複製は著作権法上での例外を除き禁じられています．本書を代行業者等の第三者に依頼してスキャンやデジタル化することはたとえ個人や家庭内の利用でも著作権法違反です．
Printed in Japan

ISBN978-4-06-156566-1

講談社の自然科学書

🎉 2008年 日本機械学会 教育賞受賞
平成21年度 文部科学大臣 科学技術賞（理解増進部門）表彰

いまをときめくロボット工学者が贈る実践的教科書三部作

はじめての ロボット創造設計 改訂第2版

米田 完／坪内 孝司／大隅 久・著　B5・280頁・定価3,520円　ISBN 978-4-06-156523-4

ロボット製作の最高最強のバイブルが、パワーアップ！
・理解度がチェックできるように、演習問題を合計36問付加。
・「研究室のロボットたち」を一新し、巻頭カラーで掲載。
・「受動歩行ロボット」「測域センサ」「パラレルリンクロボット」など時代に即した項目を新たに解説。

主な内容

研究室のロボットたち

| 第1部 ロボット創造設計 | 1.車輪型移動ロボットの創造設計　2.腕型ロボットの創造設計　3.歩行ロボットの創造設計 |
| 第2部 ロボット工学百科 | 1.基礎知識　2.アクチュエータとセンサ　3.動力伝達要素　4.回転要素　5.固定要素 |

6.材料　7.電気・電子部品　8.応用　演習問題

ここが知りたい ロボット創造設計

米田 完／大隅 久／坪内 孝司・著　B5・222頁・定価3,850円　ISBN 978-4-06-153996-9

ロボット構造と制御法を学び、自らつくるための虎の巻第2弾！　基本構造から特殊メカまで、運動学からニューラルネットワーク制御まで、線形代数から工作法まで知りたいこと満載。

主な内容

| 第1部 ロボット創造設計 | 1.車輪型ロボットの創造設計　2.マニピュレータの創造設計　3.歩行ロボットの創造設計 |
| 第2部 ロボット工学百科 | 研究室のロボットたち　1.数学物理学編　2.機械基礎編　3.機械工作編　4.ロボット要素編 |

5.創造設計の虎の巻編

これならできる ロボット創造設計

坪内 孝司／大隅 久／米田 完・著　B5・245頁・定価4,180円　ISBN 978-4-06-153965-5

ロボットを自在に動かすためのマイコンとソフトウェアの関係を解き明かす虎の巻第3弾！　もっとホンモノの賢いロボットに挑戦したい人のための入門書。

主な内容

| 第1部 ロボット創造設計 | 1.ロボットコントローラの創造設計（組み込みMPUの基礎知識）　2.ロボット制御理論の基礎知識　3.ロボットコントローラの実際　4.ロボットのためのシステムインテグレーション |
| 第2部 ロボット工学百科 | 1.計算機科学・計算機工学基礎編　2.電子制御システム要素編　3.ロボット制御理論編 |

4.制御システム製作実践編

はじめてのメカトロニクス実践設計	米田 完／中嶋 秀朗／並木 明夫・著　B5・239頁・定価3,080円	ISBN 978-4-06-155794-9
はじめての制御工学 改訂第2版	佐藤 和也／平元 和彦／平田 研二・著　A5・334頁・定価2,860円	ISBN 978-4-06-513747-5
はじめての現代制御理論 改訂第2版	佐藤 和也／下本 陽一／熊澤 典良・著　A5・304頁・定価2,860円	ISBN 978-4-06-530121-0
はじめての計測工学 改訂第2版	南 茂夫／木村 一郎／荒木 勉・著　A5・286頁・定価2,860円	ISBN 978-4-06-156511-1
図解 はじめての材料力学	荒井 政大・著　A5・239頁・定価2,750円	ISBN 978-4-06-155797-0

※表示価格は消費税（10％）込みの価格です。　　「2024年12月現在」

講談社サイエンティフィク　https://www.kspub.co.jp/